素描碳中和

构建气候经济体系的拼图

SKETCHING CARBON NEUTRALITY

A PUZZLE FOR BUILDING A CLIMATE ECONOMIC SYSTEM

张闻素 ◎ 编著

·北 京·

图书在版编目（CIP）数据

素描碳中和：构建气候经济体系的拼图 / 张闻素编著. -- 北京：中国经济出版社，2022.6

ISBN 978-7-5136-6944-3

Ⅰ. ①素… Ⅱ. ①张… Ⅲ. ①二氧化碳－节能减排－研究－中国 Ⅳ. ① X511

中国版本图书馆 CIP 数据核字（2022）第 093223 号

责任编辑　王西琨
责任印制　马小宾
封面设计　任燕飞装帧设计工作室

出版发行　中国经济出版社
印 刷 者　北京柏力行彩印有限公司
经 销 者　各地新华书店
开　　本　710mm × 1000mm　1/16
印　　张　17.5
字　　数　269 千字
版　　次　2022 年 6 月第 1 版
印　　次　2022 年 6 月第 1 次
定　　价　69.00 元
广告经营许可证　京西工商广字第 8179 号

中国经济出版社　网址 www. economyph. com　社址 北京市东城区安定门外大街 58 号　邮编 100011
本版图书如存在印装质量问题，请与本社销售中心联系调换（联系电话：010-57512564）

致敬碳中和领域的探索者、先行者、创新者……

序一

偶然与必然，创建与预见，情怀与胸怀

认识本书作者闻素老师是偶然的。

2021 年年底，我在西山改造了一套被动房——茶室会客厅，将其作为超低能耗被动房的示范，时而邀请朋友们来参观指导。2022 年元月，朋友带来了闻素老师一行，当时室外寒风凛冽，而茶室里温润如春，他们对看不到暖气和空调都很奇怪。我便现场解释，普及超低能耗绿色建筑被动房的知识。可能正是这些内容引发了闻素老师的职业敏感，并联系她正在研究筹划的碳中和（carbon neutrality）新书内容，她立刻提出了积极的想法，并邀约将这座“芝兰之室”作为她新书中绿色建筑被动房的案例。偶然吗？也许是我们都致力于绿色发展领域的必然。美好遇见美好，遇见预见创见，最终情怀体现胸怀。

闻素老师的调研访谈，让我又重新回到了六七年前那个激情燃烧的岁月。

京津冀协同发展是重大国家战略，习近平总书记在 2014 年 2 月 26 日视察北京时全面深刻阐述了京津冀协同发展的重大意义，作出了推动京津冀协同发展的战略部署。

北京市把此重任交给了首钢集团，请首钢代表北京市和河北省在唐山市曹妃甸合作建立协同发展示范区，以疏解非首都功能和打造宜居宜业的现代化滨海新城。集团多番遴选后，任命我担任京冀曹妃甸协同发

展示范区建设投资有限公司第一任总经理。这两个选择看似偶然，其实是源于首钢自 1958 年即走出北京在河北迁安开矿建厂的必然。五十多年来，首钢在河北设立近百个子公司，总投资数千亿元，上缴利税逾百亿元。这些源远流长的历史功绩，是京冀两地不断友好协作、共谋发展的必然结果。

我本人生于唐山，大学就读于北京，毕业后被分配到首钢集团，又在河北生活和工作多年。特别是 2003 年以来，我作为首钢冶建公司总经理、董事长和首钢集团技术改造部部长参与曹妃甸首钢京唐钢铁基地建设，在河北迁安建设钢铁基地，在秦皇岛建设首秦钢铁基地，在乐亭建设首钢宝业钢铁基地……多年之后，再次回到家乡贯彻落实京津冀协同发展国家战略，是偶然吗？我觉得这是冥冥之中的必然。

2017 年夏天，我们推出“首堂·创业家”，其作为当时国内最大的被动房社区引起了媒体和政府部门的关注，很多记者采访时会问我：“李总，你们为什么在曹妃甸这个算不上城市的地方盖这样超前的房子？是想当然还是拍脑门？是偶然吗？”

我说，这源于我们首钢人要做就做最好，“创世界第一，做天下主人”的精神。后来，熟悉我的人说这是我追求完美的性格使然。因此，这座国内最大的被动房社区在曹妃甸建成，而且由首钢人建成，看似偶然，实则是我们首钢人追求卓越的必然结果。

好的初心和追求必然会有好的结果，因为我们做的事是符合事物发展规律的善事和好事，着手眼下而功在未来。

“首堂·创业家”推出近四年之后，我国提出了 2030 年碳达峰与 2060 年碳中和的“双碳”目标战略。在此宏观背景之下，全国各地纷纷出台大力支持绿色建筑超低能耗被动房的优惠政策和措施，可以说被动房在碳中和的趋势下迎来了快速发展的春天。很多朋友说“你们比政府推行被动房还早了四五年，真有先见之明啊”，我说不是我们多有先见之明，而是创建美好的事物必然会预见美好的未来。

创业初期，我们也有遇到困难和想不开的时候，我和我的同事们学习了董振堂在红军长征中的一个故事。红军在长征途中遭遇强敌，为保护怀孕临产的女红军战士而在与敌人周旋的持久战中牺牲了很多战友。战斗胜利后，很多战士因为战友的牺牲而对那位产妇怒目而视，这时董振堂说了句足以载入史册，甚至到今天仍然可以让人热泪盈眶的话：“你们瞪什么眼？我们流血牺牲不就是为了这些孩子吗？”

当时，公司正值初创，只有十几个人，后来最多时也不到五十人，大家远离在京的父母妻儿，可以说房无一间、地无一垄，一切从头干起来，每天工作十几小时，生活和办公条件都很差。我们边铺路边建设工业区，同时开发建设生活基地，可以说，就这么四十几个人干了很多开发投资公司几百人的工作。不仅生活艰苦，而且工作中也往往因为无章可循等而备受委屈，甚至遭到误解。董振堂的事迹鼓舞了团队，让我们在八十年前中国共产党人无比高尚的远见卓识的感召下开拓进取，在京冀两省市领导、首钢集团和当地政府的支持下，打开了曹妃甸京津冀协同发展的新局面。

通过两年后的审计和考察，首钢集团肯定了我们，并给予“不辱使命”的高度评价。董振堂他们以成立新中国的初心预见到了未来三十年后的中华人民共和国，因为他们知道自己做的是世界上最壮丽的事业——解放全中国、为人民谋幸福。今天我们首钢人践行协同发展，为疏解转移人群建设更好、更健康、更环保的生活环境，不也是以创建美好生活的初心，创见和预见了在京津冀协同发展中迎来碳中和发展的美好时代吗？

以美好的初心去创建，必然会预见美好的未来。

而今我离开曹妃甸两年多了，回顾那段激情燃烧的拼搏岁月，总是感慨万千。我深深知道，在这个伟大的时代，在首钢这个伟大的企业，在曹妃甸这片神奇的热土，正是日夜拼搏才让我们的精神不断升华，源源不断的动力根源是中国共产党人为人民谋幸福的初心不改，让全国人民共同富裕的情怀历久弥新，富国强民、振兴中华的伟大理想日月可昭。也正是出于这样的终极目的，为人民服务，在新的时代提出了京津冀协同发展战略和“双碳”目标，实现共同富裕，让人民生活更美好。首钢人以自己的胸怀做了京津冀协同发展的先锋，又以自己的情怀率先垂范绿色发展，助力碳中和。

感谢这个伟大的时代，感谢砥砺前行的同事、同仁、同道。

李国庆

首钢集团副总工程师

京冀曹妃甸协同发展示范区建设投资有限公司首任总经理

2022年春于北京西山绿建空间

序二

金融：既要锦上添花，又要雪中送炭

因北京冬奥会和银行声誉管理方案初识作者，几次面谈就洞察到其学识之渊博，笔耕之勤奋，经历之丰富，令人印象深刻。

在百年未有之大变局和世纪疫情交织的情况下，“黑天鹅”频出，鲜为人知的“绿天鹅”，正在搅动金融界本已绷紧的神经。

“绿天鹅”指气候变化可能引发的金融危机。国际清算银行（Bank for International Settlements，BIS）2020 年出版的《绿天鹅——气候变化时代中的中央银行和金融稳定性》（*The Green Swan—Central Banking and Financial Stability in the Age of Climate Change*）首先提出了这个新概念。该书认为，“绿天鹅”与“黑天鹅”相似并具有高度不确定性，而“绿天鹅”的潜在风险可能会比“黑天鹅”更高阶，涉及从环境、地缘政治到经济社会发展等有关方面和领域，同时指出，气候灾难也将直接威胁人类社会的生存发展。

2020 年 9 月，中国在第 75 届联合国大会上承诺，二氧化碳排放力争于 2030 年前达到峰值，努力争取在 2060 年前实现碳中和。2021 年，我国颁布了《2030 年前碳达峰行动方案》，并围绕碳达峰碳中和的“双碳”目标推出“1+N”政策体系，初步构成了制度性、基础性的碳中和指导框架。

金融是现代经济的血液，对资源起着跨时间、跨区域的配置功能，是实现“双碳”目标的重要社会部门。而绿色金融作为现代金融体系的重要组成部分，在服务绿色转型、助力实现碳中和过程中担纲着重要责任。

2021年是我国绿色金融发展的关键一年。人民银行在“双碳”目标下确立了“三大功能、五大支柱”的绿色金融发展思路，推出碳减排支持工具，全国碳排放权交易市场正式上线交易，国家六省（区）九地绿色金融改革创新试验区形成了一系列可复制可推广的经验。2021年年末，全国绿色贷款余额和绿色债券存量分别为15.9万亿元和1.16万亿元，处于世界前列，并保持高速增长。

绿色金融是碳中和时代背景之下的新蓝海、新领域，但是绿色金融的标准目前在国际范围内尚未达成共识，我国的绿色金融体系建设依然任重道远。我国在2020年主动删除了绿色债券目录项下的涉煤项目，这标志着我国绿色金融正在积极主动地与国际同步，并向重视气候变化的方向进行绿色转型。同时，在绿色金融标准方面，诸如绿色信贷标准、绿色产业目录等方面亦正在逐步完善并与世界接轨。未来，碳排放权金融属性、碳交易市场监管机制等领域的内容和规范也将更加完善，更加明确。

在“双碳”目标推进过程中，金融机构要全局谋划，短期项目与长期目标紧密结合，稳妥有序地推进产融结构科学化，推进绿色低碳转型，支持绿色产业发展，快速推动传统产业转型升级，包括但不限于：协力推动绿色金融标准体系创建，顶层设计、系统规划、创新发展基础，诸如修订绿色产业目录、绿色信贷标准，拓展绿色金融标准覆盖范围，并根据需求导向加快推进急用标准的先行制定，如金融机构碳核算、绿色基金、绿色保险、碳金融产品、绿色租赁等；支持绿色产业发展，主动对接符合绿色标准的产业并助力传统产业转型，积极灵活运用绿色贷款、绿色债券、资产证券化、绿色信托等内容，坚持“人与自然和谐共生”，助力实现可持续发展；确保安全降碳，坚持“先立后破、通盘谋划”的原则，合理把握转型节奏并处理好短期与长期、发展与减排的关系；主动应对气候风险引发的金融风险，明辨多路径传导的复合型风险。

金融机构作为国之重器，在碳中和目标下要发挥好应有的担纲作用，既要锦上添花，又要雪中送炭。气候变化在世界范围内引起的潜在风险决定了在这场沧桑巨变中，没有哪个国家、机构和个人可以长期独善其身或坐享其成。我国已经制订了行动方案，在实现“双碳”目标的路径上初步提出了积极的行动路线和解决方案。

我国 2022 年政府工作报告提出：“有序推进碳达峰碳中和工作。落实碳达峰行动方案。推动能源革命，确保能源供应，立足资源禀赋，坚持先立后破、通盘谋划，推进能源低碳转型。加强煤炭清洁高效利用，有序减量替代，推动煤电节能降碳改造、灵活性改造、供热改造。推进大型风光电基地及其配套调节性电源规划建设，加强抽水蓄能电站建设，提升电网对可再生能源发电的消纳能力。支持生物质能发展。推进绿色低碳技术研发和推广应用，建设绿色制造和服务体系，推进钢铁、有色、石化、化工、建材等行业节能降碳，强化交通和建筑节能。坚决遏制高耗能、高排放、低水平项目盲目发展。提升生态系统碳汇能力。推动能耗‘双控’向碳排放总量和强度‘双控’转变，完善减污降碳激励约束政策，发展绿色金融，加快形成绿色低碳生产生活方式。”

笔耕不辍意味着旷日持久的默默无闻和辛苦，合作伙伴兼良师益友的闻素老师的新书内容包括碳中和世界观，碳达峰行动方案，生产方式、生活方式、生物多样性与科技创新前沿领域，期待这部著作的文字薪火助力我们的碳中和。

是为序。

任燕松

建设银行河北省分行公共关系与企业文化部副总经理

2022 年 3 月 13 日

前言

生产方式、生活方式、生物多样性，生生不息

2018—2022年，本书内容与资料储备历时五年，基于几宗关于风电、钢铁、建筑、交通、银行、新材料、乡村振兴等领域的田野调查、产业规划与课题研究动笔。

2020年深秋，我有幸接受委托，起草某家大型风电公司的综合改革研究报告。彼时，正值“十三五”收官和“十四五”发展规划的绸缪之年，而完成这项方案的过程亦顺理成章地成为《素描碳中和》内容积累的动因和开端。在实际工作中获益良多，通过尽职调查与深度访谈，对所收集资料的整理分析、搭建研究报告框架体系，并不断丰富、细化、完善，悉知我国已是全球最大风电市场。更重要的是，广泛查阅新能源产业发展的宏观环境与背景资料，得以在较早时洞悉碳达峰与碳中和的新概念、新政策、新目标。

气候变化是人类面临的全球性危机和世界性难题。二氧化碳排放和温室气体剧增，已经对生命系统形成威胁。在此背景之下，世界各国以全球协约的方式开始节能减排，1992年通过并于1994年生效了《联合国气候变化框架公约》（*United Nations Framework Convention on Climate Change*，UNFCCC），1997年通过了《京都议定书》（*Kyoto Protocol*），2015年《巴黎协定》（*Paris Agreement*）设定了21世纪后半叶实现净零排放的目标。我国在2020年9月提出了“双碳”目标，采取“更有力的政策和措施”在2030年之前实现碳达峰，努力在2060年实现碳中和。

风电研究项目开始之际，亦是我国“双碳”目标启动之时。通过执笔我国大型风力发电机构的综合改革研究，对于该行业有了更深入、更全面、更广泛的洞察。作为清洁能源和可再生能源，风电产业近年来在世界各国几乎都得到了相应重视和高速发展，我国亦然，并形成了在行业中的比较优势。同时，风力发电正在成为充分竞争领域，曾经的蓝海市场变成红海。基于能源结构调整、供给侧与需求端的经济变革，随着产业链优化和产业集中度提升，以及海外布局空间扩大的潜在需求，前景广阔的行业黄金期正在来临。

风电已成为我国新能源战略发展重点领域，同时步入由高速度向高质量发展的产业转型升级重要时期，不仅从陆上向海上和海外跃迁的海陆空协同联动创新发展趋势渐强，而且科技含量和创新底色愈加明显，龙头机构不仅在传统业务领域跑马圈地，更加快了在科技创新方向的悄然布局。

疫情常态化时期，随着国际国内“双循环”经济发展新格局与“一带一路”倡议的深度推进，将加快风力发电与国际规则和国际标准的衔接，并逐步形成自主可控的更紧密、更高层次的产业链体系。经济形势的新变化，为大型风电产业合纵连横的国际化布局提供了新机遇。由此，风电产业向海上进军、向海外出征，以新能源产业助力全球碳中和，是再下一城的必由之路。

2021 年 1 月，该报告经过几轮修订终于结题。当年初春，我又有幸起草了我国某风力发电机构在非洲的风电案例研究报告。在初稿起草和多次修订过程中，研究团队与非洲风电团队进行多次远程云端会议，这一工作过程对我而言更是关于碳中和的深度学习。

2021 年端午节前后，我又参与了与乡村振兴密切相关的农业科技成果转化产业园总体规划，特别安排行程到“绿水青山就是金山银山”这一“两山”理论的诞生地浙江安吉进行尽职调查和田野调查，回京不久便出炉了概念规划初稿，并与项目团队一起汇报交流。为了推动理论与实践相结合并交叉验证，我又到武汉大学拜访农村金融教授。几经调研与讨论，代表碳中和产学研示范基地定位的“农林硅谷”概念获得了专家学者的认同。

三年以来，我起草撰写了多宗新能源和乡村振兴研究报告，为了使笔下方案具有更深的底蕴和丰富的内涵，便在自己的公众号开辟了“素描碳中和”专题，从生产方式、生活方式、生物多样性、零碳科技创新前沿等角度，全方位检索梳理相关知识、科普、政策、理论、科技与产业发展等资料，几乎每隔两三天都会出炉关于碳中和的作品。

其间，《创见：构建创新经济体系的拼图》（以下简称《创见》）的书稿提交给中国经济出版社。该书的内容主要是我作为中国企业改革与发展研究会高级研究员的课题研究成果，以及作为中关村杂志社特约撰稿人，在多年时间里对我国高新技术企业、科技园、孵化器、加速器、创新城市、国有企业改革等领域的深度访谈。文章时间跨度五年有余，为了提升鲜活程度并纪念最近两年加班加点、熬夜赶工的清洁能源和乡村振兴研究，特别把《清锋科技：“零碳产业链”模式加速碳中和》《今电能源：电网与工业互联网的融合创新》《嘉善县国创新能源研究院：科技成果产业化的体制机制创新》合并到首章“碳中和与创新经济”。

在撰写新能源课题期间，自己的生活方式、工作方式也渐渐“碳中和”起来，比如外出通勤选择绿色出行方式、用餐坚持“光盘行动”、生活厉行勤俭节约、尽量无纸化办公、更加热爱自然珍惜生命，慢慢体会食物链、生态圈与可持续发展的逻辑关系，渐渐体悟万物生长的逻辑和原理，善意宽容，人尽其才，物尽其用。

《创见》出版之后，《中国石化报》特辟专版刊登该书凝练的创新世界观、创业方法论、碳中和与创新经济。集团几位专家撰写的读书评论，呈现了中国石化集团在碳中和领域的战略布局，这些内容也成为《素描碳中和》的经典案例和重要章节。

我有作为2008年北京奥运会语言培训供应商联合创始人的工作经验，因此承担了2022年北京冬奥会期间建设银行张家口赛区网点机构声誉风险管理工作，并为核心工作人员提供系统培训，其间特别邀请了中国社会科学院研究员进行学术支持。这些工作是碳中和银行内容的来龙去脉与源头活水。

合作创新激发了作品创新。绿色交通内容基于我多年来为云南某高速公路基础设施建设集团起草的产业园规划、“十四五”发展规划与三年行动计划；绿色生产的内容源于2021年至今我为我国西北地区钢铁产业撰写的混合所有制改革研究；因为和清华大学五道口金融学院全球创业者联盟的渊源，碳中和有机农业呈现了欧盟乃至世界范围在此领域的新动态、新进展。

入芝兰之室，久居不觉其香。2022年年初在朋友引荐之下偶然走进了北京石景山某间茶室风格的绿色建筑样板房，乾隆御题匾额“芝兰室”吸引着我深探究竟。东道主正是首钢集团副总工程师、京冀曹妃甸协同发展示范区建设投资有限公司首任总经理李国庆。早在“双碳”目标提出之前的2015年，他就带领团队规划建设了曹妃甸京津冀协同发展示范区的绿色低碳生态项目“首堂·创业家”。多年以来，这组以绿色建筑和零碳城市为目标的被动式住宅群落低调隐藏于渤海湾曹妃甸，承载着变革和创新。他们自主开发的15万平方米绿色健康低碳社区和生态新城，为产业转移和绿色迁移大军营造了“面朝大海、春暖花开”的更好的生产生活环境，不仅为疏解北京非首都功能作出了卓越贡献，成为贯彻京津冀协同发展国家战略的优秀样板，更是碳中和领域零碳建筑、零碳社区、零碳城市和生态新城的先行示范。

不仅先行一步，而且提前了五年。“首堂·创业家”项目不需接入市政供暖，全年无须传统空调，即可达到恒温、恒湿、恒氧、恒静、恒洁，建筑节能率高达90%以上。根据总建筑面积15万平方米的能耗模拟计算，每年比传统住宅采暖节省标准煤约477.64吨，减少碳排放约1178.74吨，减少二氧化碳排放1678.36吨。

栽下梧桐树，引得凤凰来。北京冬奥会圆满落幕，多年之前首钢集团产业转移后腾挪出的首钢大跳台等为谷爱凌等冰雪小将飞燕展翅提供了广阔空间。卓越创举总是给人以方法、路径、联想和启迪，相信当年逢山开道、遇水架桥的李国庆团队仍可作为当前碳中和领域的模范、样板、先锋。

我们可以相约去往渤海湾的中国钢铁梦工厂和“首堂·创业家”，亲临创新创业现场，致敬在碳中和目标正式提出的五年之前就以诗意栖居之立意，创新建造了我国绿色低碳建筑群的先行者。

碳中和背景下，海上钢铁厂面朝大海、春暖花开，绿色健康低碳生态新城项目“首堂·创业家”如火如荼，渤海湾以加速创新的产城融合和无限憧憬，正式展开了即将成为继纽约湾区、东京湾区、旧金山湾区、粤港澳大湾区之后的世界未来第五大湾区的想象。

碳中和是波澜壮阔的全球化系统工程，涵盖了国民经济的一二三产业，包括但不限于生产方式、生活方式、生物多样性、科技创新等方面生生不息的可持续发展方法论与世界观。本书不敢以偏概全，谨在某些领域呈现蜻蜓点水的浅见以抛砖引玉，诸君可以由此扩展阅读南水北调、西电东输、东数西算等更多内容。

《创见》出版，“创见”书库创意产生，《创见》是第一部，《素描碳中和》是第二部，期待更多同仁共同擘画，一起向未来。

张闻素

2022 年 3 月 13 日

目录

第二章
气候经济体系创新理论与绿色框架

第三章
碳中和金融

第四章
碳中和科技

第五章
碳中和生产方式

第六章
碳中和生活方式

第七章
碳中和与生物多样性

第八章
一二三产业碳中和创新示范

第一章
气候变化与全球公约

全球气候变暖导致冰川融化、海平面上升，降水重新分布，改变了当前的世界气候格局。全球气候变暖影响和破坏了生物链、食物链，带来更为严重的自然恶果。随着山峦顶峰的变暖，海拔较高处的环境越来越有利于蚊子和它们所携带的疟原虫这样的微生物生存，一些热带疾病将向较冷的地区传播。

如果持续变暖，地球将不适合人类居住，我们的子孙后代将何去何从？所以，我们现在有必要从生产、生活、生物等多方面力挽狂澜。

“气候经济保卫战”箭在弦上。

全球气候变暖

防止全球气候变暖是国家、政府和社会的责任，自然人也应从衣、食、住、行等方面为减缓全球气候变暖贡献绵薄之力。

全球气候变暖指既定时期地球大气和海洋因温室效应而形成温度上升的气候变化，而其所造成的效应为全球变暖效应。

如果再暖下去，地球可能不再适合人类生存，我们的子孙后代将无处可逃。也许这正是“硅谷钢铁侠”马斯克不断研究在火星建立生活城的原因。我们现在的担忧不无道理，全球气候持续甚至正在加速变暖，后果是降水量重新分配、冰川和冻土消融、海平面上升、生态系统平衡被打破，人类食物和居住环境面临威胁，有些地区极端天气事件如厄尔尼诺、干旱、洪涝、雷暴、冰雹、风暴、高温和沙尘暴等频繁出现。自然界中既有生物链和食物链被颠覆，有的物种濒临灭绝，并随之产生更加难以想象的严重恶果。随着极地地区和高海拔地区正在逐渐变暖，某些热带疾病将向较冷地区传播。从自然灾害到生物链风险，其正在危及人类生存发展的方方面面。随着全球变暖，世界气候格局正在加速进行沧海桑田式的变迁。

20 世纪，全球平均温度大约攀升 0.6℃，北半球春天冰雪解冻期比 150 年前提前约 9 天，而秋天霜冻时间晚了大约 10 天。

21 世纪，全球各地高温纪录经常被打破。瑞士、英国、法国、德国、美国有 200 个城市都曾创下温度纪录新高。我国的上海、杭州、武汉、福州、广州、重庆、香港、台北等地都曾打破当地高温纪录。过去 100 年里，全球地面平均温度已升高 0.3℃ ~0.6℃，2030 年估计将再升高1℃~3℃。

22世纪初，全球气温预计上升1.4℃~5.8℃。

2400年，预计大气中已有温室气体将使全球平均气温至少升高1℃，不断排放的温室气体又将导致气温额外升高2℃~6℃。这两个因素还会分别引起海平面每世纪上升10厘米和25厘米。由于气温升高，海平面在过去100年中每年以1~2毫米的速度上升，预计到2050年将继续上升30~50厘米，这将淹没沿海大量土地。

《新科学家》杂志研究报告说，如果实施“气候工程”为地球降温，会让抵达地面的阳光减少，从而降低天空蓝度，天空将从我们熟悉的蔚蓝色变成白色。

许多科学家认为，温室气体大量排放造成温室效应加剧，可能是全球气候变暖的基本原因。导致全球气候变暖的主要原因是人类在近百年来大量使用的矿物燃料——如煤、石油等——排放出大量的二氧化碳等多种温室气体。

工业革命以来，大气中二氧化碳含量增加了25%。人类燃烧煤、油、天然气和树木，产生的大量二氧化碳和甲烷进入大气层后使地球升温，碳循环失衡，从而改变了地球生物圈的能量转换形式。

世界气象组织（World Meteorological Organization，WMO）和联合国环境规划署（United Nations Environment Programme，UNEP）充分认识到潜在的全球气候变化问题，1988年建立了政府间气候变化专门委员会（Intergovernmental Panel on Climate Change，IPCC），并对联合国和WMO的全体会员开放。1992年联合国专门制订了UNFCCC。IPCC能够在全球范围内，在全面、客观、公开和透明的基础上，对世界上有关全球气候变化的现有科学、技术和社会经济信息进行评估，为决策人提供对气候变化的科学评估及其带来的影响和潜在威胁，并提供适应或减缓气候变迁影响的相关建议。

为了阻止全球气候变暖，国际社会和很多国家纷纷出台节能减排方案、绿色能源和清洁生产计划，科技创新亦层出不穷。

阻止全球气候变暖是国家、政府和社会的责任，自然人也应从衣食住行等诸方面为减缓全球气候变暖贡献绵薄之力。“衣”，选购纯棉或全麻等自然材质，旧衣新穿，以需求决定购买频率和洗衣次数；“食”，吃素，适量吃，在家烹饪，外面用餐打包剩余饭菜；“住”，可用二手家具、绿植布置房间，电源和冷气集中使用，夏季少开冷气，集中办公，会议采取在线云端方式；“行”，减少乘用电梯，外出步行，多骑单车，多乘坐公共交通工具……

温室气体排放

"气候经济保卫战"箭在弦上。

"温室气体排放"亦称"碳排放"，碳排放是关于温室气体排放的总称、简称、同义词。温室气体中最主要的是二氧化碳，因此用碳作为代表。

碳排放不仅是燃料燃烧产生的，人口增加与经济增长也是碳排放增加的原因，人类活动，如烧火做饭与物体燃烧等，都有可能造成碳排放。

温室气体包括水汽（H_2O）、氟利昂、二氧化碳（CO_2）、氧化亚氮（N_2O）、甲烷（CH_4）、臭氧（O_3）、氢氟碳化物（HFC）、全氟碳化物（PFC）、六氟化硫（SF_6）等，温室气体造成"温室效应"，使全球气温上升导致全球气候变暖，为地球和人类带来灾难和风险，控制碳排放的"碳中和"应运而生。

温室气体的来源多为重工业和汽车尾气等，一旦超出大气标准便会造成温室效应，使全球气温上升并威胁人类生存安全。因此，控制温室气体排放已成为全人类面临的共同问题。2009 年在哥本哈根举行的全球气候会议就是全球达成控制温室气体排放限制的世界性大会。

根据 IPCC 的统计，全球化学工业每年使用的二氧化碳量约为 1.15 亿吨，而因人类活动主要燃烧化石燃料所引起的每年全球二氧化碳量变化约为 237 亿吨。由于使用化石燃料增多，使对流层臭氧量增多，若再不作出改变，2100 年农作物的产量将下降 40%。如果不加以控制，受温度上升和二氧化碳气体增多的影响，全球平均臭氧量到 2100 年还会增长 50%，这将对植物生长造成无法预计的影响。

而今，大气中的二氧化碳水平比过去 65 万年高了 27%。自工业革命时代，人类开始大量燃烧煤炭，导致二氧化碳水平上升。近几十年来，越来越多的国家走向工业化，汽车生产和驾驶也越来越多，人类造成气候变化所需时间要比气候系统的自然变化周期短得多。

2021 年 8 月 9 日，IPCC 在日内瓦发布报告《气候变化 2021：自然科学基础》。联合国秘书长安东尼奥・古特雷斯说："全球变暖正在影响地球上的每个地区，其中许多变化变得不可逆转。""这份报告是向人类发出的红色警报。警钟震耳欲聋，证据无可辩驳：化石燃料燃烧和森林砍伐造成的温室气体排放正扼杀我们的星球，并使数十亿人面临直接风险。"

全球气候变暖已成为制约人类社会可持续发展的障碍，控制污染物和温室气体排放已是国际社会责任。削减二氧化碳排放，减少对煤炭和天然气等不可再生资源的利用，充分开发利用新能源，如太阳能、风能、生物质能、氢能、潮汐能、水能和小水电等，将温室气体遏制在源头。"气候经济保卫战"已经箭在弦上。

《联合国气候变化框架公约》

此公约奠定了应对气候变化国际合作的法律基础，是具有权威性、普遍性、全面性的国际框架公约。

UNFCCC（《联合国气候变化框架公约》）在1992年5月9日召开的联合国环境与发展大会上通过，于1994年3月21日生效。

UNFCCC由序言及26条正文组成，具有法律约束力，目标是将大气温室气体浓度维持在稳定水平。在该水平上，人类活动对气候系统的危险干扰不会发生。UNFCCC奠定了应对气候变化国际合作的法律基础，是具有权威性、普遍性、全面性的国际框架公约。这是世界上第一个全面控制二氧化碳等温室气体排放，应对全球气候变暖给人类经济和社会带来不利影响的国际公约，也是国际社会在应对全球气候变化问题上进行国际合作的一个基本框架。

UNFCCC设立源于1896年瑞典科学家斯万（Ahrrenius）的警告，二氧化碳排放可能会导致全球变暖。20世纪70年代，科学家对地球大气系统的深入研究引起国际社会关注，20世纪80年代末90年代初，全球举行了一系列以气候变化为重点的政府间会议，以响应越来越多的科学认识。为了让决策者和公众更好地理解这些科研成果，UNEP和WMO于1988年成立了IPCC，1990年发布了第一份经过数百名顶尖科学家和专家评议的评估报告，确定了气候变化的科学依据，对政策制定者和广大公众都产生了深远影响，也影响了后续气候变化公约谈判。

1990年，第二次世界气候大会呼吁建立一个气候变化框架条约，会议由137个国家加上欧洲共同体进行部长级谈判，主办方为WMO、UNEP和其他国际组织。经过艰苦谈判，虽然在最后宣言中并没有制定任何国际减排目标，但是其确定的一些原则为确立未来气候变化公约奠定了基础。这些原则包括：气候变化是人类共同关注的；公平原则；不同发展水平国家承担“共同但有区别的责任”；可持续发展和预防原则。

1990 年 12 月，联合国常委会批准了气候变化公约的谈判。气候变化框架公约政府间谈判委员会（The Intergovernmental Negotiating Committee for a Framework Convention on Climate Change）在 1991 年 2 月至 1992 年 5 月举办了 5 次会议。参加谈判的 150 个国家的代表最终确定，在 1992 年 6 月巴西里约热内卢举行的联合国环境与发展大会上签署公约。

UNFCCC 为应对未来数十年的气候变化设定了减排进程，特别是它建立了一个长效机制，使政府间报告各自的温室气体排放和气候变化情况，并定期检讨以追踪公约的执行进度。更重要的是，发达国家同意推动资金和技术转让，帮助发展中国家应对气候变化。

截至 2016 年 6 月，UNFCCC 共有 197 个缔约方，每个缔约方都作出了许多旨在解决气候变化问题的承诺，必须定期提交专项报告，内容包含温室气体排放信息，并说明为实施此公约所执行的计划及具体措施。

1992 年 11 月 7 日，我国批准了 UNFCCC；1993 年 1 月 5 日将批准书交存联合国秘书长处；UNFCCC 于 1994 年 3 月 21 日正式生效，同时对中国生效。

可持续发展与《21 世纪议程》

> 20 章，78 个方案领域，20 万余字，分为可持续发展战略、社会可持续发展、经济可持续发展、资源的合理利用与环境保护四个部分，这是“世界范围内可持续发展行动计划”。

可持续发展（sustainable development）主要包括社会可持续发展、生态可持续发展、经济可持续发展。

缘起可以追溯到 1980 年由世界自然保护联盟（International Union for Conservation of Nature，IUCN）、UNEP、世界自然基金会（World Wildlife Fund，WWF）共同发表的《世界自然保护大纲》：“必须研究自然的、社会的、生态的、经济的以及利用自然资源过程中的基本关系，以确保全球的可持续发展。”

1987 年以布伦特兰夫人为首的世界环境与发展委员会（World Commission on Environment and Development，WCED）发表了报告《我们共同的未来》（亦称《布伦特兰报告》），正式使用了可持续发展概念，并对其作出了比较系统的阐述，产生了广泛的影响。即可持续发展是既满足当代人需求又不对后代人构成危害的发展；既要发展经济又要保护好人类赖以生存的大气、淡水、海洋、土地和森林等自然资源和环境，使子孙后代能够永续发展、安居乐业。

可持续发展的定义有百余种，但影响最大的仍是 WCED 在《我们共同的未来》中的定义：“能满足当代人的需要，又不对后代人满足其需要的能力构成危害的发展。”它包括两个重要概念：需要的概念，尤其是世界各国人们的基本需要，应将此放在特别优先的地位来考虑；限制的概念，技术状况和社会组织对环境满足眼前和将来需要的能力施加的限制。涵盖范围包括国际、区域、地方及特定界别的层面，是科学发展观的基本要求之一。

1989年，UNEP为“可持续发展”的定义和战略通过了《关于可持续发展的声明》，认为可持续发展的定义和战略主要包括四个方面：走向国家和国际平等；要有一种支援性的国际经济环境；维护、合理使用并提高自然资源基础；在发展计划和政策中纳入对环境的关注和考虑。总之，可持续发展就是建立在社会、经济、人口、资源、环境相互协调和共同发展的基础上的发展，宗旨是既能满足当代人需求，又不能对后代人的发展构成危害。

1992年6月3—14日，联合国环境与发展大会在巴西里约热内卢召开，通过了关于可持续发展重要文件《21世纪议程》，这是“世界范围内可持续发展行动计划”，它是21世纪全球范围内各国政府、联合国组织、发展机构、非政府组织和独立团体在人类活动对环境产生影响的各个方面的综合的行动蓝图。

《21世纪议程》共20章，78个方案领域，20万余字，分为可持续发展战略、社会可持续发展、经济可持续发展、资源的合理利用与环境保护四个部分。据悉，该计划如果按部就班实施，每年约耗资1250亿美元。

1994年，我国发布《中国21世纪议程——中国21世纪人口、环境与发展白皮书》，首次把可持续发展战略纳入我国经济和社会发展的长远规划。

父母之爱子，则为之计深远，绝非路易十五所言的“我死之后哪管洪水滔天”。

《京都议定书》

UNFCCC 的补充条款建立了灵活合作机制，这是人类历史上首次以法规形式限制温室气体排放。

《京都议定书》，又译作《京都协议书》或《京都条约》，全称为《联合国气候变化框架公约的京都议定书》，为 UNFCCC 的补充条款。其目标是“将大气中的温室气体含量稳定在一个适当的水平，进而防止剧烈的气候改变对人类造成伤害”。

1997 年 12 月，在日本京都召开的 UNFCCC 缔约方第三次会议通过了旨在限制发达国家温室气体排放量以抑制全球变暖的《京都议定书》。具体内容为：到 2010 年，所有发达国家二氧化碳等 6 种温室气体的排放量，要比 1990 年减少 5.2%。具体而言，各发达国家从 2008 年到 2012 年必须完成的削减目标是：与 1990 年相比，欧盟削减 8%、美国削减 7%、日本削减 6%、加拿大削减 6%、东欧各国削减 5%~8%，新西兰、俄罗斯和乌克兰可将排放量稳定在 1990 年水平，同时允许爱尔兰、澳大利亚和挪威的排放量比 1990 年分别增加 10%、8% 和 1%。

《京都议定书》需要得到占全球温室气体排放量 55% 以上的至少 55 个国家批准，才能成为具有法律约束力的国际公约。中国于 1998 年 5 月签署并于 2002 年 8 月批准了该议定书。欧盟及其成员国于 2002 年 5 月 31 日正式批准了《京都议定书》。2004 年 11 月 5 日，俄罗斯总统普京在《京都议定书》上签字，使其正式成为俄罗斯的法律文本。2005 年 8 月 13 日，全球已有 142 个国家和地区签署该议定书，其中包括 30 个工业化国家，批准国家的人口数量占全世界总人口的 80%。

美国人口占全球人口的 3%~4%，二氧化碳排放占全球排放量 25%

以上，为全球温室气体排放量最大的国家。美国曾于1998年签署了《京都议定书》，但是布什政府以“减少温室气体排放将会影响美国经济发展”和“发展中国家也应该承担减排和限排温室气体的义务”为理由，于2001年3月宣布拒绝批准《京都议定书》。

2005年2月16日，《京都议定书》正式生效。这是人类历史上首次以法规形式限制温室气体排放。为了促进各国完成温室气体减排目标，议定书允许采取以下四种减排方式：一是两个发达国家之间可以进行排放额度买卖的“排放权交易”，即难以完成削减任务的国家，可以花钱从超额完成任务的国家买进超出的额度；二是以“净排放量”计算温室气体排放量，即从本国实际排放量中扣除森林所吸收的二氧化碳的数量；三是可以采用绿色开发机制，促使发达国家和发展中国家共同减排温室气体；四是可以采用“集团方式”，即将欧盟内部的国家视为一个整体，采取有的国家削减、有的国家增加的方法，在总体上完成减排任务。

《京都议定书》遵循UNFCCC制定的“共同但有区别的责任”原则，要求作为温室气体排放大户的发达国家采取具体措施限制温室气体的排放，而发展中国家不承担有法律约束力的温室气体限控义务。

《京都议定书》建立了旨在减排的3个灵活合作机制——国际排放贸易（International Emissions Trading，IET）机制、联合履行（Joint Implementation，JI）机制和清洁发展机制（Clean Development Mechanism，CDM），这些机制允许发达国家通过碳交易市场等灵活完成减排任务，而发展中国家可以获得相关技术和资金。2006年，全球碳交易市场规模已达到300亿美元。

2011年12月，加拿大宣布退出《京都议定书》，这是继美国之后第二个签署后又退出的国家。

《巴黎协定》

《巴黎协定》是继 1992 年 UNFCCC、1997 年《京都议定书》之后，人类历史上应对气候变化的第三个里程碑式国际法律文本，形成了 2020 年后全球气候治理格局。

《巴黎协定》又称《巴黎气候协定》，是 2016 年签署的气候变化协定。

2015 年 12 月，UNFCCC 近 200 个缔约方在巴黎气候变化大会上达成《巴黎协定》，共 29 条，内容包括目标、减缓、适应、损失损害、资金、技术、能力建设、透明度、全球盘点等。

《巴黎协定》是全球 195 个国家在巴黎气候变化大会上通过，于美国纽约签署的气候变化协定，该协定为 2020 年后全球应对气候变化行动作出安排；主要目标是将 21 世纪全球平均气温上升幅度控制在 2℃以内，并将全球气温上升控制在前工业化时期水平之上 1.5℃以内。

《巴黎协定》是继《京都议定书》后第二份有法律约束力的气候协议，在至少 55 个 UNFCCC 缔约方（其温室气体排放量占全球总排放量至少 55%）交存批准、接受、核准或加入文书之日后第 30 天起生效。

2016 年 4 月 22 日，170 多个国家的领导人齐集纽约联合国总部，共同签署《巴黎协定》，承诺将全球气温升高幅度控制在 2℃之内。我国时任国务院副总理张高丽作为习近平主席特使出席签署仪式，并代表中国签署《巴黎协定》；时任美国国务卿克里抱着孙女签署了《巴黎协定》。

2016 年 4 月 22 日，时任联合国秘书长潘基文宣布，在《巴黎协定》开放签署首日，共有 175 个国家签署，创下国际协定开放首日签署国家数量最多纪录。在潘基文正式发表讲话前，会议还邀请了一位来自坦桑尼亚的青年代表发言。这种程序上的创新体现了气候变化对人类未来将产生深远影响的意义，并强调年青一代在未来所肩负的责任。

2016 年 9 月 3 日，全国人大常委会批准中国加入《巴黎协定》，中国成为第 23 个完成批准协定的缔约方。

2016 年 10 月 5 日，潘基文宣布《巴黎协定》达到生效所需的两个门槛，于 2016 年 11 月 4 日正式生效。潘基文呼吁各国政府及社会各界全面执行《巴黎协定》，立即采取行动减少温室气体排放，增强对气候变化的应对能力。

2016 年 11 月 4 日，欧洲议会全会以压倒性票数通过了欧盟批准《巴黎协定》的决议，欧洲理事会当天晚些时候以书面程序通过，意味着《巴黎协定》已具备正式生效的必要条件。联合国气候大会组委会在摩洛哥的马拉喀什发布新闻公报，庆祝《巴黎协定》生效。

2018 年 4 月 30 日，UNFCCC 框架下的新一轮气候谈判在德国波恩开幕，缔约方代表就进一步制定实施《巴黎协定》相关准则展开谈判。12 月 15 日，联合国气候变化卡托维兹大会闭幕，会议如期完成了《巴黎协定》实施细则谈判，通过了一揽子全面、平衡、有力度的成果，全面落实了《巴黎协定》各项条款要求，体现了公平、“共同但有区别的责任”、各自能力原则，考虑到不同国情，符合“国家自主决定”安排，体现了行动和支持相匹配，为协定实施奠定了制度和规则基础。

2019 年 11 月 4 日，时任美国国务卿蓬佩奥证实，特朗普政府已正式通知联合国，美国将退出《巴黎协定》。这也是退出协定的为期一年流程中的第一个正式步骤。

2020 年 11 月 4 日，美国退出《巴黎协定》，成为迄今为止唯一退出的缔约方。

2021 年 2 月 19 日，美国重返《巴黎协定》。

《巴黎协定》是继 1992 年 UNFCCC、1997 年《京都议定书》之后，人类历史上应对气候变化的第三个里程碑式的国际法律文本，形成了

2020 年后的全球气候治理格局。该协定具有以下特征。

公平性：获得了所有缔约方认可，充分体现了联合国框架下各方诉求，是个非常平衡的协定。体现“共同但有区别的责任”原则，同时根据各自的国情和能力自主行动，采取非侵入、非对抗模式的评价机制，是份让所有缔约国达成共识且都能参与的协议，有助于国际间（双边、多边机制）的合作和全球应对气候变化意识的培养。欧美等发达国家继续率先减排并开展绝对量化减排，为发展中国家提供资金支持；中国、印度等发展中国家应该根据自身情况提高减排目标，逐步实现绝对减排或限排目标；最不发达国家和小岛屿发展中国家可编制和通报反映其特殊情况的关于温室气体排放发展的战略、计划和行动。

长期性：制定了“只进不退”的棘齿锁定（ratchet）机制；各国提出的行动目标建立在不断进步的基础上，建立从 2023 年开始每 5 年对各国行动的效果进行定期评估的约束机制；2018 年建立了对话机制（the facilitative dialogue），盘点减排进展与长期目标的差距。

可行性：要求建立针对国家自主贡献（Intended Nationally Determined Contributions，INDC）机制、资金机制、可持续性机制（市场机制）等完整、透明的运作形式，以促进其执行；所有国家都将遵循“衡量、报告和核实”的同一规则，但会根据发展中国家的能力给予相应的灵活性。

碳达峰与碳中和

先达峰再中和，企业级方法步骤非常重要；碳市场是利用市场机制减少温室气体排放并推动绿色低碳发展的制度创新，更是贯穿“双碳”全程的金融催化剂。

全球气候变暖越来越成为人类生存发展的严重威胁。在越发急迫的情势下，“碳中和”概念应运而生。“碳”即二氧化碳，“中和”即正负相抵。碳中和指企业、团体或个人测算在一定时间内，直接或间接产生的温室气体排放总量，通过植树造林、节能减排等形式，抵消自身产生的二氧化碳排放，实现“零排放”。

碳达峰指碳排放进入平台期后，开始平稳下降，即从此让二氧化碳排放量“收支相抵”。减少二氧化碳排放量的手段，一是碳封存（carbon sequestration），主要由土壤、森林和海洋等天然碳汇（carbon sink）吸收储存空气中的二氧化碳，人类所能做的是植树造林等；二是碳抵消，通过投资开发可再生能源和低碳清洁技术，用减少一个行业的二氧化碳排放量来抵消另一个行业的排放量，抵消量的计算单位是二氧化碳当量吨数。

“碳中和”中国发展概要：

2008年12月，中国首个官方碳补偿标识“中国绿色碳基金碳补偿”标识发布。

2018年8月1日，四川省举行了碳中和项目启动仪式，计划于当年10月在成都龙泉山城市森林公园建设500亩[①]碳中和林，用20年时

① 1亩约等于666.7平方米。——编者注

间增加碳汇，以抵消本次会议产生的921吨碳排放总量。

2019年10月，第一期全国A级旅游景区质量提升培训班在陕西举办，并成为全国首个碳中和景区培训班。

2020年9月22日，中国政府在第七十五届联合国大会上提出："中国将提高国家自主贡献力度，采取更加有力的政策和措施，二氧化碳排放力争于2030年前达到峰值，努力争取2060年前实现碳中和。"12月24日，中国首家碳中和基础研究机构——中国科学院大气物理研究所碳中和研究中心在北京成立。

2021年2月2日，《国务院关于加快建立健全绿色低碳循环发展经济体系的指导意见》指出：要深入贯彻党的十九大和十九届二中、三中、四中、五中全会精神，全面贯彻习近平生态文明思想，认真落实党中央、国务院决策部署，坚定不移贯彻新发展理念，全方位、全过程推行绿色规划、绿色设计、绿色投资、绿色建设、绿色生产、绿色流通、绿色生活、绿色消费，使发展建立在高效利用资源、严格保护生态环境、有效控制温室气体排放的基础上，统筹推进高质量发展和高水平保护，建立健全绿色低碳循环发展的经济体系，确保实现碳达峰、碳中和目标，推动我国绿色发展迈上新台阶。

2021年3月5日，国务院政府工作报告指出，扎实做好碳达峰、碳中和各项工作，制定2030年前碳排放达峰行动方案，优化产业结构和能源结构。

2021年3月15日，中央财经委员会第九次会议重要议题就是研究实现碳达峰、碳中和的基本思路和主要举措，指出"十四五"期间要重点做好的七方面工作和碳达峰、碳中和工作的定位，并谋划了清晰的"施工图"。

2021年7月12日，教育部印发《高等学校碳中和科技创新行动计划》，发挥高校基础研究主力军和重大科技创新策源地作用，为实现碳达峰碳中和目标提供科技支撑和人才保障。8月，市场监管总局成立碳达峰碳中和工作领导小组及办公室。9月11日，全国首个"碳达峰、碳中和”科普展亮相中国科技馆。9月11日，厦门大学中国能源经济研究中心提出了“中国碳中和发展力指数”。

2021年7月，全国碳排放权交易市场启动线上交易，发电行业成为首个纳入全国碳市场的行业，纳入重点排放单位超过2000家，中国碳市场成为全球覆盖温室气体排放量规模最大的市场。全国碳市场启动线上交易，推动绿色低碳发展的重大制度创新。碳市场利用市场机制控制和减少温室气体排放为“双碳”目标的达成提供了重要抓手。

“碳中和”企业级方法步骤：

第一步：计算碳足迹（carbon footprint），建立低碳体系。

计算碳足迹是针对企业所有可能产生温室气体的来源，进行排放源清查与数据搜集，以了解企业温室气体排放源并量化所搜集的数据信息，是迈向实现碳管理的第一步。碳排放报告核查是由第三方对盘查所得出的数据信息的担保陈述提供正式的书面声明。

第二步：减少碳排放。

通过对企业排放源清查，详细了解企业的碳排放源及碳排放量，相应制定一系列有效措施，从而减少企业生产运营等活动中所产生的碳排放。

第三步：实现碳中和。

通过购买碳减排额的方式实现碳排放的抵消，以自愿为基本原则，即交易的中和方式。碳中和的实现通常由买方（排放者）、卖方（减排者）和交易机构（中介）三方来共同完成。

本章结语

通过概括总结碳中和的来龙去脉，揭示了经济发展过程中过度碳排放导致全球气候变暖的动因，这种愈演愈烈的状况正在成为人类生存发展的严重威胁。近年来，觉醒的世界各国行动起来，建立了一系列国际规则和框架公约。

UNFCCC 奠定了应对气候变化国际合作的法律基础，是具有权威性、普遍性、全面性的国际框架。

《21 世纪议程》是联合国环境与发展大会通过的“世界范围内可持续发展行动计划”，分为可持续发展战略、社会可持续发展、经济可持续发展、资源的合理利用与环境保护四个部分。

《京都议定书》是 UNFCCC 的补充条款，建立了灵活合作机制，这是人类历史上首次以法规形式限制温室气体排放。

《巴黎协定》是继 1992 年 UNFCCC、1997 年《京都议定书》之后，人类历史上应对气候变化的第三个里程碑式国际法律文本，形成了 2020 年后全球气候治理格局。

2020 年 9 月，中国在第 75 届联合国大会上承诺，二氧化碳排放力争于 2030 年前达到峰值，争取于 2060 年前实现碳中和。碳达峰是二氧化碳排放达到峰值；碳中和指企业、团体或个人测算在一定时间内直接或间接产生的温室气体排放总量，然后通过植树造林、节能减排等形式抵消自身产生的二氧化碳排放量，实现二氧化碳“零排放”。

“气候经济保卫战”箭在弦上，控制碳排放已是国际社会责任。

第二章

气候经济体系创新理论与绿色框架

“两山”理论是“双碳”目标的理论基础，其绿色发展思想对于推进中国生态文明与生态经济建设具有重要意义，亦将对世界产生重要影响。

环境、社会、公司治理（Environmental，Social，Governance，ESG）实践不仅能为企业打造更有韧性的发展道路，还能为企业可持续的产品和服务打开别有洞天的全新市场。

“两山”理论

1985 年，习近平同志任河北省正定县委书记，在审定正定县发展规划时就提出，绝不能让污染下乡。

2005 年，习近平同志在浙江安吉余村考察时，提出了“绿水青山就是金山银山”的科学论断。

2022 年北京冬奥会期间，习近平总书记增补了颇具现场感的新内容“冰天雪地也是金山银山”。

1985 年，习近平同志任河北省正定县委书记，在审定正定县发展规划时就提出，绝不能让污染下乡。这是“两山”理论最早的雏形。

无论是生态文明建设还是绿色发展，贯穿在其中的一条主线、一个根本理念就是“绿水青山就是金山银山”，我们称之为“两山”理论。

“两山”理论是习近平总书记亲自提出，并与时俱进、不断丰富的科学理论。“两山”理论从 2005 年 8 月第一次提出，到 2013 年 9 月全面系统地论述，其形成过程经历了 8 年时间。2022 年北京冬奥会期间，又增补了颇具现场感的新内容“冰天雪地也是金山银山”。

“两山”理论分为四个部分：第一，既要绿水青山，也要金山银山；第二，宁要绿水青山，不要金山银山；第三，绿水青山就是金山银山；第四，冰天雪地也是金山银山。

2003 年 4 月 9 日，习近平同志担任浙江省委书记半年后到安吉调研时说，他最早知道安吉的名字是在福建分管农村工作的时候，知道安吉的竹业经济发展得比较好。习近平同志初到安吉就提出“只有依托丰富的竹子资源和良好的生态环境，变自然资源为经济资源，变环境优势为经济优势，走经济生态化之路，安吉经济的发展才有出路”。安吉建县于185年，县名源于《诗经》“安且吉兮”，素有“中国第一竹乡”之称，是美丽乡村发源地和绿色发展先行地，更是“绿水青山就是金山银山”的“两山”理论的发源地。

2005年，习近平同志在浙江安吉余村考察时，说：“我们过去讲，既要绿水青山，又要金山银山，其实，绿水青山就是金山银山。”“从安吉的名字，我想到了人与自然的和谐、人与人的和谐、人与经济发展的和谐。”他在安吉余村还听到了这样的故事，20世纪70年代村里人炸山开石矿办水泥厂，虽然发展得很快但环境污染越来越严重，面对遮天蔽日的粉尘和多发的安全事故，余村人决心关停矿山和水泥厂，探索绿色发展新模式。习近平称赞余村人这是“高明之举”。他行过浙山浙水，思想逐渐升华。习近平在余村首次提出了“绿水青山就是金山银山”重要理念，安吉亦成为“两山”理论的发源地。

2006年，习近平总书记于《浙江日报》撰文，详细阐述了“两座山”之间的逻辑关系，指出在实践中对绿水青山和金山银山这“两座山”之间关系的认识经过了三个阶段：第一个阶段是用绿水青山去换金山银山，不考虑或者很少考虑环境的承载能力，一味索取资源；第二个阶段是既要金山银山，但是也要保住绿水青山，这时候经济发展和资源匮乏、环境恶化之间的矛盾开始凸显出来，人们意识到环境是我们生存发展的根本，要留得青山在，才能有柴烧。第三个阶段是认识到绿水青山可以源源不断地带来金山银山，绿水青山本身就是金山银山，我们种的常青树就是摇钱树，生态优势变成经济优势，形成了浑然一体、和谐统一的关系。这个阶段是一个更高的境界，体现了科学发展观的要求，体现了发展循环经济、建设资源节约型和环境友好型社会的理念。以上三个阶段是经济增长方式转变的过程，是发展观念不断进步的过程，也是人和自然不断调整、趋向和谐的过程。这是习近平总书记对“两山”理论第二次比较完整的表述。

2008年，习近平总书记在中央党校发表讲话时指出，要牢固树立正确政绩观，不能只要金山银山，不要绿水青山；不能不顾子孙后代，有地就占、有煤就挖、有油就采、竭泽而渔；更不能以牺牲人的生命为代价换取一时的发展。

2013 年，习近平总书记出访哈萨克斯坦，在纳扎尔巴耶夫大学发表演讲时说："我们既要绿水青山，也要金山银山。宁要绿水青山，不要金山银山，而且绿水青山就是金山银山。"这被公认为是习近平总书记对"两山"理论最为全面、经典的一次论述，标志着"两山"理论成为习近平总书记关于生态文明建设思想的"灵魂"，成为习近平同志治国理政新理念新思想新战略的重要组成部分。

2017 年 5 月 26 日，习近平总书记主持中共中央政治局第四十一次集体学习时强调："推动形成绿色发展方式和生活方式，是发展观的一场深刻革命。"他还指出："让良好生态环境成为人民生活的增长点、成为经济社会持续健康发展的支撑点、成为展现我国良好形象的发力点，让中华大地天更蓝、山更绿、水更清、环境更优美。"同时，习近平总书记还就推动形成绿色发展方式和生活方式提出六项重点任务：一要加快转变经济发展方式；二要加大环境污染综合治理；三要加快推进生态保护修复；四要全面促进资源节约集约利用；五要倡导推广绿色消费；六要完善生态文明制度体系。

"两山"理论与"一带一路"倡议相辅相成，并且在世界范围内产生了重要影响。深刻领会以"两山"理论为基础的绿色发展思想，对于推进中国生态文明与生态经济建设具有重大意义，与人类命运共同体的理念相得益彰，亦成为"双碳"目标的基础理论支撑体系。

循环经济

低开采、高利用、低排放；减量化、再利用、再循环。

循环经济，亦称“资源循环型经济”，是以资源节约和循环利用为特征，与环境和谐的经济发展模式。其特征是低开采、高利用、低排放；强调把经济活动组织成“资源—产品—再生资源”的反馈式流程；物质和能源能在这样的经济循环中得到合理和持久利用，以把经济活动对自然环境的损害降到最低限度。

循环经济符合可持续发展理念的经济增长模式，是对“大量生产、大量消费、大量废弃”传统增长模式的根本变革。循环经济应遵循“3R”原则，即减量化（reduce）、再利用（reuse）、再循环（recycle）。

循环经济思想萌芽诞生于20世纪60年代的美国，中国出现于20世纪90年代中期，学术界在研究过程中已从资源综合利用、环境保护、技术范式、经济形态和增长方式的不同角度，从广义和狭义等对其做了多种界定。

循环经济发端于生态经济。美国经济学家肯尼思·鲍尔丁在1966年发表的《一门科学——生态经济学》中提出了生态经济的概念和生态经济协调发展的理论，引导社会认识到，在生态经济系统中，增长型的经济系统对自然资源需求的无止境性与稳定型的生态系统对资源供给的局限性之间必然构成贯穿始终的矛盾。围绕这一矛盾来推动现代文明的进程，就必然要走更加理性的强调生态系统与经济系统相互适应、相互促进、相互协调的生态经济发展道路。

生态经济就是把经济发展与生态环境保护和建设有机结合起来，使二者互相促进的经济活动形式。生态经济实现了经济发展、资源节约、环境保护、人与自然和谐共生的相互协调和有机统一。

它要求在经济与生态协调发展的思想指导下，按照物质能量层级利用的原理，把自然、经济、社会和环境作为系统工程统筹考虑，立足于生态，着眼于经济，强调经济建设必须重视生态资本的投入效益，认识到生态环境不仅是经济活动的载体，还是重要的生产要素。发展循环经济，实现环境与发展协调的最高目标是实现从末端治理到源头控制，从利用废物到减少废物的“质”的飞跃。

循环经济的宗旨是在经济流程中尽可能减少资源投入，并且系统地避免和减少废物。废弃物再生利用的目的是减少废物最终处理量。理论上，“3R”原则的贯彻执行包括三个层次：一是产品绿色设计；二是物质资源开发利用整个生命周期；三是生态环境资源再开发和循环利用。

循环经济与可持续发展异曲同工，强调社会经济系统与自然生态系统和谐共生，是经济、技术和社会多元化多维度系统工程，不仅是经济、技术和环保问题，而且以协调人与自然关系为准则，模拟自然生态系统运行方式和规律，使社会生产从数量型的物质增长转变为质量型的服务增长，推进整个社会走上生产发展、生活富裕、生态良好的文明发展道路，要求人文发展、制度创新、科技创新、结构调整等社会发展的整体协调。

践行循环经济与可持续发展的过程中，尤其在碳中和背景下，要把握系统分析和生态成本总量控制。循环经济是科学的社会发展模式和生产生活方式，“3R”原则随着全球践行将不断推广深入，有可能衍生为4R、5R、6R……

零碳经济

零碳经济指碳源（carbon source）和碳汇相减等于零的动态经济，是气候经济体系的基底。

零碳经济指碳源和碳汇相减等于零的动态经济。碳源是生产生活中产生的二氧化碳，碳汇则是草地、森林吸收的二氧化碳。零碳经济关注的重点是提升清洁能源利用和降低对能源的需求。

零碳状态是使每年排放的二氧化碳转化成新能源或者固化封存，正负相抵为零。

零碳经济并非完全不排放二氧化碳，而是通过统筹规划，应用减源增汇、绿色能源替代、碳产品封存、碳交易及生态碳汇补偿等方法，抵消碳源，使碳源与碳汇代数和为零。零碳经济的实质是贯彻“创新、协调、绿色、开放、共享”的发展理念，以现代先进技术创新产业文明，以绿色资源能源大幅替代矿物质能源，以区域化循环利用全面取代条块式分割占用，通过能源结构、消费结构乃至经济模式的深刻转变，开拓低碳高效的绿色发展新路径。

零碳经济，就内容而言，一是要控制生产过程中不得已产生的废弃物排放并逐渐减少到零，二是将不得已排放的废弃物充分利用；就过程而言，指将一种产业生产过程中排放的废弃物变为另一种产业的原料或燃料，从而通过循环利用使相关产业形成相互反哺的产业生态系统；就技术角度而言，在产业生产过程中，能量、能源、资源的转化都会遵循自然规律，资源转化为各种能量、各种能量相互转化、原材料转化为产品，而在此过程中几乎不可能实现 100% 的转化，总会或多或少产生二氧化碳排放，所谓“零碳排放”目前还处于理论、理想状态。

零碳经济是碳中和的目标，更是气候经济体系的基底。

负碳经济

负碳经济是碳源和碳汇相减低于零的绿色生态发展模式，是有效控制碳排放的经济模式。

负碳经济是以吸收转化二氧化碳为主要形式，使二氧化碳这种主要温室气体的排放量得到有效控制的经济模式。

负碳经济的实质是碳源和碳汇相减低于零的绿色生态发展模式。

不到万年的人类文明，在近代工业化进程中为子孙后代埋下了隐患。三百年左右的工业发展将人类推向了险境，温室效应、全球变暖、能源安全和气候变化对各国经济社会可持续发展的威胁日益加重，这些风险时刻提醒世人无论是经济发展模式、消费理念还是生活方式，都必须改革并且向绿色化转型，无碳技术、减碳技术、负碳技术以及相关技术和产业的应用就是其中非常重要的途径，发展以零碳技术、负碳技术创新为核心的低碳经济、零碳经济、负碳经济，已经迫在眉睫。

无碳技术、减碳技术、负碳技术等前沿科技正在成为节能减排的主流和方向。负碳主要以攻关固碳技术为核心，使森林、草原、湿地、海洋、土壤、冻土的固碳技术升级，提升生态系统碳汇。

负碳经济秉着可持续发展理念，通过技术创新、制度创新、产业转型、清洁能源开发等多种手段，尽可能地减少煤炭石油等化石能源和高碳能源消耗，遏制温室气体排放，延缓气候变暖，达到经济社会发展与生态环境保护双赢的经济发展形态。

目前，人类社会面临气候变化与可持续发展的问题，而负碳经济这个新概念为世界提供了更加积极的新视角和新解决方案。可以说，负碳经济将有可能成为减缓气候变化与实现可持续发展的捷径和集约之路。

负碳经济既是人类社会通过国际合作创建和谐世界的重要机遇，也是对所有国家特别是发展中国家的严峻挑战。发展负碳经济，除了要重视减排、适应、技术和资金等要素外，还要关注发达国家碳排放定价和碳交易等市场工具，通过国际合作推动负碳产品和负碳技术的开发应用。

负碳经济重点研究领域和发展方向如下。

一是负碳经济体系中的新能源创新：发展减少碳排放的节能技术、绿色能源技术，改变能源结构的海洋能、氢能、太阳能、风能和生物质能等可再生能源和新能源技术，最终使新能源创新向高效、安全、洁净方向发展。

二是负碳经济体系中的新材料创新：对材料组成、结构、性能及使用行为的研发与生产，赋予生物材料、复合新材料、超导材料、能源材料、智能材料、磁性材料和纳米材料全新内涵的创新。

三是负碳经济体系中的新环境创新：在修复改善人类生存的环境质量过程中，把能节约或保护能源和自然资源、减少人类活动产生环境负荷的环境技术与其他学科交叉、融合、创新。把能够保护地表、深层、海洋等资源合理开发和持续利用的生产设备、生产方法和规程、产品设计作为优先发展的创新领域，并不断迭代升级。

四是负碳经济体系中的新生物科技创新：探索生命奥秘和生命运动规律的基因重组、细胞融合技术、蛋白质科学、脑与认知科学等引领未来生物经济领域的研究，孵化出国际领先水平的原创性成果。促进生命科学与物质科学、信息科技、认知科学、复杂性科学等学科的融合交叉和资源集成，储备重大科学突破与基础研究创新等。

在负碳经济基础上，可以发展负碳经济特区。负碳经济特区指在可持续发展理念指导下，通过零碳技术、捕获二氧化碳技术、负碳技术、储存二氧化碳技术、清除二氧化碳技术等绿色技术的创新和应用，以及围绕负碳化的制度、模式、系统、体系的完善和应用，尽可能杜绝高碳能源消耗，使温室气体排放降低到安全水平，达到经济社会发展与生态环境保护双赢、多赢的经济发展形态。

绿色金融

绿色金融是金融机构支持节能环保项目融资的行为，是将绿水青山变为金山银山的重要市场手段。

绿色金融是金融机构积极支持节能环保项目融资的行为，是将绿水青山变为金山银山的重要市场手段，亦是低碳经济学领域的热度名词。

绿色金融具体指金融部门把环境保护作为重要的基本政策，在投融资决策中考虑潜在的环境影响，把与环境条件相关的潜在的回报、风险和成本都融入日常业务中，在金融经营活动中注重对生态环境的保护以及对环境污染的治理，通过对社会经济资源的引导，促进社会的可持续发展。绿色金融不仅可以促进环境保护及治理，还能方向性地引导资源从高污染产业流向技术先进的部门与行业，为环保、节能、清洁能源、绿色交通、绿色建筑等领域的项目提供金融服务。

绿色金融有多层含义，不仅指金融机构通过投融资的过程和形式来促进环保和经济社会的可持续发展，也包括金融机构自身的绿色可持续发展。绿色金融的作用主要是引导资金流向资源节约型、技术开发型和生态环境保护型产业和行业，通过金融手段引导企业在生产、销售、物流等环节和流程中注重绿色环保，引导消费者形成绿色消费理念。金融机构在此过程中亦要保持可持续发展，避免短期逐利行业和过度投机倾向。

我国多年前就积极倡导绿色金融，中国人民银行等七部委早在2016年8月31日就发布了《关于构建绿色金融体系的指导意见》，并对绿色金融进行了初步定义，绿色金融指为支持环境改善、应对气候变化和资源节约高效利用的经济活动，即对环保、节能、清洁能源、绿色交通、绿色建筑等领域的项目，进行投融资、项目运营、风险管理等所提供的金融服务。

就金融机构的工作范围与流程而言，绿色金融就是金融机构将环境评估纳入工作流程，在投融资行为中注重对生态环境的保护，注重绿色产业的发展。

绿色金融的突出特点是更强调人类社会的生存环境利益，将对环境保护和对资源的有效利用程度作为计量其活动成效的标准，通过自身活动引导各经济主体注重自然生态平衡。追求经济活动与环境保护、生态平衡的协调发展，最终实现经济社会的可持续发展。

绿色金融与传统金融范畴中的政策性金融有某些相似之处，在推广实施初期需要政府推动。传统金融往往注重以经济效益为目标，政策性金融经常以完成政策任务为职责。而环境资源是公共品，在过去多年的经济条件下除非有政策性规定，金融机构往往不太关注贷款方或融资方的生产或服务是否具有生态效率或在生态保护方面有所考虑。

随着经济快速发展以及能源消耗量的大幅增加，全球生态环境受到了严重挑战，实现绿色增长已成为当今世界经济的发展趋势。在各国低碳经济不断发展的背景下，绿色金融渐渐成为全球多个国家发展的重点。

近年来，绿色金融概念越来越受到国内众多金融机构，特别是银行的追捧，成为社会各界普遍关注的焦点。我国尚处于工业化中后期，能源消耗尚未达峰，产业转型任重道远，而且需要较长时间的转型升级，因而在此过程中离不开绿色金融的支持。

碳中和背景下，绿色发展已成为经济可持续发展的重要任务和指标，绿色金融将发挥更加重要的支撑和引领作用。所以，我国“十四五”发展规划中所倡导的高质量发展特别强调考虑地区环境禀赋、经济发展等因素，制定符合区域资源的以低碳为核心的绿色发展方式，同时制定、构建和完善绿色金融支持体系。绿色金融在推动产业转型升级方面亦将发挥重要作用，支持绿色、低碳产业发展和支持生态修复，帮助高排放产业提升效率和降低排放。

绿色金融需要创新，急需更加富有活力和效率的新形式、新方法、新工具以更加高效地支持绿色产业，除设立产业基金扩大绿色资金规模，建立绿色项目库解决信息不对称问题，用绿色信贷产品支持中小微绿色企业融资之外，金融机构还需要积极创新金融产品和服务，支持高碳企业业务结构低碳转型、生产流程低碳改造以及产品服务的绿色升级等，在推进企业低碳转型过程中实现自身的低碳转型。

绿水青山就是金山银山，冰天雪地也是金山银山。“两山”理论为绿色金融开辟了更加广阔的想象空间。

赤道原则

赤道原则是以自愿为基础的可持续融资国际标准，关注可持续发展和全球生态系统；意义非凡，犹如银行业绿色金融的里程碑。

赤道原则（Equator Principles，EP）是以自愿为基础的可持续融资国际标准。

EP为财务金融术语，是一套非强制的自愿性准则，用以决定、衡量以及管理社会及环境风险，以进行专案融资（project finance）或信用紧缩的管理。

多家私人银行于2003年6月制定了该准则，参与银行有花旗集团、荷兰银行、巴克莱银行与西德意志银行等。它们采用世界银行的环境保护标准与国际金融公司的社会责任方针，形成了这套原则。2017年年底，37个国家的92家金融机构采纳了EP，因此它形成了实务上的准则，协助银行及投资者了解应该如何加入世界上主要的发展计划，并对它们进行融资。2006年7月，根据国际金融公司修订后的《绩效标准》对EP进行了修正并重新发布。

EP的内容包括序言、适用范围、原则声明和免责声明四部分。序言部分对EP出台的动因、目的和采用EP的意义做了简要说明；适用范围部分规定EP适用于全球各行业所有项目资金总成本超过1000万美元的新项目融资和因扩充、改建对环境或社会造成重大影响的原有项目；原则声明是EP的核心组成部分，列举了采用EP的金融机构（即赤道银行）作出投资决策时需依据的10条特别条款和原则，赤道银行承诺仅会为符合条件的项目提供贷款；免责声明部分规定了赤道原则的法律效力，即赤道银行自愿独立采用和实施赤道原则。

EP 已经成为国际项目融资的一个新标准，包括花旗、渣打、汇丰在内的 40 余家大型跨国银行已明确实行 EP，在贷款和项目资助中强调企业的环境和社会责任。原则列举了赤道银行作出融资决定时需依据的特别条款和条件，共有 9 条。

EP 是非官方规定，由世界主要金融机构根据国际金融公司的环境、社会政策和指南制定，旨在确定、评估和管理项目融资过程中所涉及的环境和社会风险，其产生根源在于金融机构履行企业社会责任的压力。当银行向大型项目融资后，由于项目产生的负面环境影响和引发社会问题而备受争议，并给银行声誉带来损失，包括政府、多边贷款机构以及非政府组织和社区民众在内的利益相关方认为，银行有责任对项目融资中的环境和社会问题进行审慎调查，并督促项目发起人或借款人采取有效措施来消除或减缓其带来的负面影响。

EP 意义非凡，犹如银行业的里程碑，它第一次把项目融资中模糊的环境和社会标准明确化、具体化，为银行评估和管理环境与社会风险提供了操作指南，使整个银行业的环境与社会标准得到了基本统一。EP 虽不具备法律条文的效力，但随着其在国际项目融资市场中的广泛应用，已经逐渐成为国际项目融资中的行业标准和国际惯例。

从 EP 的融资实践中，可以归纳出 EP 的主要特点：赤道银行在运行中实际上成了环境和社会保护的民间代理人；在实践中已经发展成为行业惯例，其奠基者并不想创造一个银行集团或者一个封闭式的俱乐部，而是想建造一个有吸引力的“尽可能宽广的教堂”；非政府组织是监督赤道原则实施的主要力量；实施过程中，赤道银行的中心工作是进行审慎调查。可见，赤道银行有助于提升整个行业的道德水准并形成良性循环。

对单家银行来说，接受 EP 有利于获取或维持好的声誉，保护市场份额，也有利于良好的公司治理和对金融风险科学、准确地评估，同时也能减少项目的政治风险。对于社会来说，可以使环境与社会可持续发展战略落到实处，通过发挥金融在和谐社会建设中的核心作用，使人与自然、人与社会、人与人等达到真正和谐共生。

兴业银行 2008 年 10 月宣布采用 EP，从而成为中国首家赤道银行。一年后，中国第一笔符合 EP 的项目贷款在兴业银行下柜，标志着 EP 在中国正式落地应用。由于 EP 非常关注世界可持续发展和全球生态系统，在政策研究层面，其仍然是中国可持续金融政策制定的重要参照，甚至是“绿色信贷”政策开发和制定的重要基础。

绿色溢价

亟须降低节能减排成本，减少满足碳排放而采取的新技术、新材料以取代原有材料或降到满足排放标准所额外付出的费用。

绿色溢价指用清洁能源进行生产生活的成本比用传统的化石能源进行生产生活的成本高出的部分，简言之，就是为了满足碳排放而采取的新技术、新材料以取代原有材料或降低到满足排放标准所额外付出的费用。

绿色溢价产生的原因是目前世界上大部分国家和地区所使用的能源中化石燃料依然成本最低，最为经济廉价，而在之前并没有将化石燃料对环境造成的负面影响计算到成本中。而今，为了达到“双碳”目标，零碳解决方案大都比采用化石燃料的成本高许多，因为要把消耗能源的产品转化为使用清洁能源的产品，必然会造成成本的上涨。不同商品对于能源的需求以及自身生产过程中的碳排放量不同，所产生的绿色溢价也不相同。

绿色溢价的高低取决于替代什么以及用什么来替代。

就生产方式而言，工业领域如果采用零碳技术生产工业原料，塑料乙烯价格上涨；交通领域如果用零碳替代燃料，与传统燃油相比，汽油、柴油与航空燃油的价格就要上涨；在制冷和供暖领域，空调使用成本主要取决于电费价格，而供暖的绿色溢价和交通运输领域差不多，如果使用零碳替代燃料，供暖的成本也要提高。就生活方式而言，环保人士为了降低自身碳排放，其衣食住行都采用低碳的方式。

从理论上推演，在短期没有找到更好的零碳技术之前，一旦采用金融手段调节温室气体排放，将面临万物皆涨的局面。但是，绿色溢价是做决策之际的透视镜，帮助衡量各个产业实现零碳排放的成本，在比较过各种零碳方案的溢价后，就能决定现阶段应该采用哪种更加集约、更加经济而且更可持续的方案。

就全球视野来看，技术研发能力较强的国家会加快开发新产品，使价格更便宜，然后出口到付不起目前溢价的国家和地区。从长期来看，越来越多的国家、地区和企业会竞相开发和推广价格低廉的创新产品，以帮助全球实现零排放。绿色转型实际上就是要把绿色溢价降下来，甚至把清洁能源成本降到低于化石能源成本。所以，绿色溢价是更综合、更具有优势的敏感杠杆，它反映的是经济绿色转型的体系，而不仅仅是碳价格或技术本身。

降低绿色溢价的方式有多种，一是通过碳价格来增加化石能源成本，促使人们减少化石能源使用；二是技术进步，利用科技创新降低清洁能源的使用成本；三是社会治理的技术进步，文化水平、社会理念和生活习惯的提升与改善等。

绿色溢价是系统性的调节机制，会对社会整个经济结构和政府政策带来启示：一是绿色转型需要系统性创新，不仅是科学技术，还包括规划设计、城市化、整个社会的习惯与文化理念以及政府公共投入；二是技术进步形成发展新机遇，在绿色转型领域大力推进科技创新，推进政府公共投入，为未来带来重要的驱动力；三是对现在经济学主流经济思维带来挑战，比如怎样更好地处理人和自然、市场和政府、效率和公平的关系。

绿色溢价也是企业愿意为购买碳排放量支付的金额的上限。通常情况下，减排成本低的企业会率先减排，而成本高者则不愿意减排。这时碳交易市场就以碳价作为“指挥棒”，减排不达标的企业到市场上购买碳排放配额，一旦购买的费用超过了技术改造费用，即超出了绿色溢价的额度，企业就会倾向于绿色转型，通过改进技术来降低碳排放。绿色金融由此应运而生。为支持环境改善、应对气候变化和资源节约高效利用的经济活动，对环保、节能、清洁能源、绿色交通、绿色建筑等领域的项目，提供的投融资、项目运营、风险管理等金融服务，统称为绿色金融。

碳排放交易、科技创新、绿色金融，这些不断发展的体制机制成为推动绿色溢价渐趋合理化的重要推手，正数、零、负数，绿色溢价正负零的动态变化正是碳中和进程中灵敏的显示器和风向标。

环境、社会、公司治理

环境（Environmental）、社会（Social）、公司治理（Governance），构成了当下炙手可热的“ESG”。

E 关注的是企业对环境的影响，指的是企业在生产经营过程中的绿色投入、资源和能源的集约使用与循环利用、对有毒有害物质的处理以及对生物多样性的保护等是否同政府监管政策的目标相契合；S 是社会，指企业与其利益相关者之间能否做到协调与平衡；G 是公司治理，主要是企业的董事会结构、股权结构、管理层薪酬和商业道德等是否规范，具体包括董事会的独立性与专业性，公司的愿景与发展战略，信息透明度与披露的充分性，避免腐败的措施等。

ESG 的内涵就是企业发展与环境保护相辅相成。ESG 投资超越了传统的财务投资，从社会责任和环境保护等多维度进行综合考虑，因此有可能带来更加稳健的长期回报。大力发展 ESG 必将有利于我国绿色产业生态和绿色金融体系的长足发展。

鉴于投资界日益呼吁企业提供 ESG 信息，香港交易所早在 2016 年就开始要求上市公司发布 ESG 报告，2020 年 7 月更新了信息披露要求，要求上市企业披露与生态环境和社会责任投资相关的信息，如企业董事会的参与情况、将 ESG 纳入企业经营战略和重大决策的做法、与气候相关的风险管理、环境目标设定和供应链管理等内容。

我国监管机构针对在上海和深圳上市的企业也更新了 ESG 报告要求。2021 年 2 月，中国证监会发布了《上市公司投资者关系管理指引（征求意见稿）》，在上市公司与投资者沟通内容中增加了其 ESG 信息。当年 3 月 30 日，生态环境部发布《碳排放权交易管理暂行条例（草案修改稿）》，并开始为期 1 个月的公开征集意见阶段。其内容对配额分配方法、配额收入管理等长期以来备受碳交易市场关注的问题进行了调整，细化了多项监督管理规定，以确保碳交易充分发挥市场机制作用，推动温室气体减排，推动实现“双碳”目标。

世界经济论坛与普华永道中国合作发布的《ESG 报告：助力中国腾飞聚势共赢》指出：随着 A 股企业日益纳入全球指数，国际机构投资者对 A 股企业的持股比例预计会不断提高；中国 2060 碳中和目标将进一步凸显企业进行气候信息报告和转型的重要性；如果能建立有效的 ESG 报告体系，提供可比的排放数据和气候实践，将为中国低碳经济的发展奠定坚实基础。该报告认为中国是全球最大和最有活力的经济体之一，而中国企业是中国经济发展的重要动力。为了以环境友好型、对社会负责任的方式促进中国和世界繁荣，中国企业必须发挥领导作用。对 ESG 指标进行高质量报告有助于引导资本流向，协助监管机构及时决策，帮助客户作出科学的供应链管理决策，从而促进可持续发展。

实际上，我国在绿色金融领域已取得全球领先地位。央行数据显示，截至 2021 年年末，本外币绿色贷款余额为 15.9 万亿元，同比增长 33%，存量规模居全球第一。2021 年境内绿色债券发行量超过 6000 亿元，同比增长 180%，余额达 1.1 万亿元。

我国“十四五”规划和 2035 年远景目标纲要突出强调绿色发展理念，坚持以经济社会发展全面绿色转型为引领，以能源绿色低碳发展为关键，坚定不移走生态优先、绿色低碳的高质量发展道路，尤其是把力争 2030 年前实现碳达峰、2060 年前实现碳中和纳入生态文明建设整体布局。“双碳”目标最终需要分解到电力、交通、工业、建筑、农业、新技术等各个细分领域，不仅存量经济面临转型升级，增量经济也要与技术进步同步迭代更新。“十四五”期间，金融机构资源将向科技创新、高端制造、消费升级、城镇建设、民生金融、绿色金融等方向倾斜，中国绿色金融发展将迈上新台阶，绿色银行、财富银行、投资银行的转型升级亦将逐渐成为银行业的主流经营模式。

全球来看，到2020年年底，已有100多个国家提出了碳中和的目标。发达国家已经实现工业化，大量高污染、高能耗行业向发展中国家转移，经济结构以服务业为主。中国推动碳中和所处的经济发展阶段和大多数发达国家情况迥异，面临更艰巨的经济结构转型和产业优化布局的压力。可喜之处是中国的ESG生态系统正快速成熟，监管者、投资者和决策者正在积极提高企业可持续发展与相关标准，中国商业领袖亦日渐意识到，不仅要通过财务指标还要通过ESG框架来评估企业绩效的重要性和未来价值。

综上所述，政府推动高质量绿色发展，ESG可以作为落实碳中和目标的重要抓手；企业把ESG融入生产管理，有助于产业转型升级；ESG可以推动产业链企业节能减排，并推动新技术研发利用；ESG亦是对投资人的教育引导，产融协同以实现长期收益和社会效益。

ESG实践不仅能为企业打造更有韧性的发展模式，更能打开未来全新市场。碳中和与ESG虽然是两个独立主题，却息息相关。以可持续发展全球报告倡议组织（Global Reporting Initiative，GRI）标准为例，其中很大部分与环境相关，这意味着未来中国在推进减排议程时会同步改善企业ESG评级，因此也会受到更多践行ESG的国际投资者关注，让中国再次成为全球外国直接投资（Foreign Direct Investment，FDI）新高地。

比尔·盖茨与气候经济

全球碳排放量如何实现从每年510亿吨到0。

全球气候变暖，与人类息息相关，也成为世界科技巨头的机遇与挑战。

微软创始人比尔·盖茨近年出版的《气候经济与人类未来》(*How to Avoid a Climate Disaster*)一书，介绍了如何避免气候灾难。碳中和概念于联合国气候大会聚焦出炉之后，产生了很多碳中和概念股和该领域的新贵新富。特斯拉、亚马逊、苹果等科技公司纷纷加入碳交易炙手可热的赛道。

比尔·盖茨较早便投资了很多碳中和项目。他认为碳捕获(carbon capture)、利用与碳封存技术是负碳技术的关键，如果不能从源头消除碳排放，那么就必须以间接的方式减碳。他认为未来碳捕获的成本降到100美元以下才能获得广泛应用。获得盖茨投资的加拿大能源公司“碳工程”(Carbon Engineering)已在理论上证实了这种可能性，该公司与西方石油公司等巨头合作并提供碳捕获服务以获取收益。盖茨本人是碳中和践行者，每年花费700万美元购买碳排放配额来抵消超标的碳足迹，比如乘坐私人飞机。

《气候经济与人类未来》指出，现在人类平均每年碳排放量为510亿吨，其中，27%产生于电力生产与存储，31%产生于生产和制造，19%产生于种植和养殖以及给植物施肥与饲养牲畜，16%产生于交通和运输，7%产生于制冷和取暖。根据碳排放产生的行业和根源，该书给出了降低碳排放的解决方案，比如创新生产材料与生产工艺以实现零碳制造，实现电气化、发展清洁能源和更高效利用能源，利用电力驱动我们的所有交通工具，并以廉价代燃料为其他交通工具提供动力，探索发展零碳电力，以及减少食物浪费和改变饮食习惯的新生活方式。

除非我们迅速实现零排放，否则糟糕的事情（或许有很多）极有可能在我们大多数人的有生之年发生，非常糟糕的事情则会在下一代人的生命中发生。为了防患于未然，比尔·盖茨呼吁，人类需要停止向大气中排放温室气体，他从电力、制造业、农业、交通等碳排放主要领域分析了零排放面临的挑战，可使用的技术工具以及我们需要的技术突破，并提供了一套涵盖广泛但都切实可行的行动计划。零排放具备坚实的逻辑基础，但要基于创新驱动。

零碳产业注定是个巨大的历史机遇、重任和挑战，那些能在该领域有所突破的国家将是未来十几年引领全球经济的国家，能够在该领域中有所建树的企业将会是独角兽。零碳排放并非易事，需要世界各国，每个组织、家庭、自然人都遵循计划并协同执行。

假如没有创新驱动，就无法实现零碳排放的目标。部署新技术淘汰旧事物，我们需要新技术、新公司和新产品来降低绿色溢价。零碳排放计划的实现需要策略和实践路径，要因循创新和供求定律，增加创新需求、扩大创新供应、研发与需求结合，政府要出台有利于减少成本和降低风险的激励措施，打造有利于将新技术推向市场的基础设施，为新技术的竞争创造条件并制定规则，采用清洁电力、清洁燃料、清洁产品，减少煤、石油、天然气等化石能源，鼓励发展并使用清洁能源，首选的当是清洁电力和绿色电力（green power）。

目前，钢和水泥生产过程中的温室气体排放量在全球总排放量中的比例达到10%左右。因此，在制定应对气候变化的综合方案时，问“你在水泥生产方面有什么计划”只是个提醒，让大家知道未来需要考虑的远不止这些。

塑料也成为零排放之路的公害，究其原因是其价格低廉。同水泥和钢材一样，塑料之所以便宜，是因为化石燃料便宜。笔者有同感，只有限塑令是不够的，只有调节原料价格才能调整产品价格，充分调动市场这只看不见的手，才有可能真正发挥内部机制的作用。

阻止全球变暖、实现零排放的过程中，政府扮演着非常重要的角色，明智的政策可以帮助解决气候问题。比如，私人投资者因看不到获利方式而不愿开展研发时，政府就要发挥应有的作用，率先开展研发投入，等到获利前景明朗，私人投资者就会接过接力棒。

零碳之路何其修远。政府、企业、组织、家庭、个人都可以发挥自己的影响力，为碳中和作出努力和探索。而今，碳成为金融，气候成为经济，气候经济正在成为可以源源不断产生独角兽的新业态，比尔·盖茨几乎转型成为气候经济学家，中国也拥有全球最大的碳交易市场。

全球碳排放量如何实现从每年 510 亿吨到 0，这片无限广阔的金融蓝海深水区和抢滩最前沿，正在期待勇敢的弄潮儿。

本章结语

碳中和领域需要坚实的理论支撑体系。

“两山”理论是“双碳”目标的理论基础，其绿色发展思想对于推进中国生态文明与生态经济建设具有重要意义，亦将对世界产生重要影响，是全球实现碳中和理想的重要借鉴和指南。

“两山”理论源远流长。1985 年，习近平同志任河北省正定县委书记，在审定正定县发展规划时就提出，绝不能让污染下乡；2005 年，习近平同志在浙江安吉余村考察时，提出了“绿水青山就是金山银山”的科学论断；2022 年北京冬奥会期间，习近平总书记增补了颇具现场感的新内容“冰天雪地也是金山银山”。

在碳中和时代与可持续发展宏观背景之下，循环经济、零碳经济、负碳经济、绿色金融、赤道原则、绿色溢价、ESG 等，构成了以碳中和为主线的气候经济关键词。可持续发展是建立在社会、经济、人口、资源、环境相互协调和共同发展的基础上的，宗旨是既能相对满足当代人需求又不能对后代人的发展构成危害。①循环经济意味着低开采、高利用、低排放，减量化、再利用、资源化。②零碳经济是碳源和碳汇相减等于零的动态经济。③负碳经济使二氧化碳这种主要温室气体排放量得到有效控制的经济模式。④绿色金融是金融机构积极支持节能环保项目融资的行为，是将绿水青山变为金山银山的重要市场手段。⑤赤道原则关注世界可持续发展和全球生态系统，是以自愿为基础的可持续融资的国际标准。⑥绿色溢价正负零的动态变化是碳中和进程中灵敏的显示器和风向标。⑦以环境保护、社会责任、公司治理为要素的 ESG 实践不仅能为企业打造更有韧性的发展道路，还能为企业可持续的产品和服务打开别有洞天的全新市场。

第三章
碳中和金融

全国碳市场是利用市场机制控制和减少温室气体排放、推进绿色低碳发展的重大制度创新，也是推动实现碳达峰目标与碳中和愿景的重要政策工具。

随着国内外碳交易市场逐渐成熟，碳汇可以积累碳信用指标，不仅能够抵减碳排放，还有望获得更多出其不意的高收益，对于企业而言更是长远投资和更广阔的战略布局。

碳源与碳汇

碳源是向大气中释放碳的过程、活动或机制。碳汇是通过植树造林和植被恢复等措施吸收大气中的二氧化碳，从而减少温室气体在大气中浓度的过程、活动或机制。

碳源计量是碳汇交易的基础，是碳管控的依据。碳源指向大气中释放碳的过程、活动或机制。碳汇指通过植树造林和植被恢复等措施吸收大气中的二氧化碳，从而减少温室气体在大气中浓度的过程、活动或机制。

碳源与碳汇是两个相对的概念，碳源指自然界中向大气释放碳的母体，碳汇指自然界中碳的寄存体，减少碳源一般通过二氧化碳减排来实现，增加碳汇则主要采用固碳技术。

自然界中的碳源主要是海洋、土壤、岩石与生物体。工业生产和人类生活等都会产生二氧化碳等温室气体，也是主要的碳排放源，这些碳部分累积在大气层从而引起温室气体浓度升高，影响着全球气候变化。碳源可分为能源及转换工业、工业过程、农业、土地使用的变化和林业、废弃物、溶剂使用及其他共 7 个部分。IPCC 的研究在发达国家背景下产生，所以对发展中国家的化石燃料和工业发展所涉及的排放状况没有足够的估计。

我国碳源分类源于 2001 年“中国准备初始国家信息通报的能力建设”项目，分为能源活动、工业生产工艺过程、农业活动、城市废弃物和土地利用变化与林业 5 个部分。

碳源测算主要采用 3 种方法：实测法、物料衡算法和排放系数法。实测法主要通过监测手段或国家有关部门认定的连续计量设施，测量排放气体的流速、流量和浓度，用环保部门认可的测量数据来计算气体的排放总量的统计计算方法，基础数据主要来源于环境监测站。监测数据通过科学、合理地采集和分析样品获得。物料衡算法是对生产过程中使用的物料情况进行定量分析的方法，是把工业排放源的排放量、生产工艺和管理、资源（原材料、水源、能源）的综合利用及环境治理结合起来，系统全面地研究生产过程中排放物的产生和排放的计算方法。排放系数法指在正常技术经济和管理条件下，生产单位产品所排放气体数量的统计平均值。排放系数也称为排放因子，但在不同技术水平、生产状况、能源使用情况、工艺过程等因素的影响下，排碳系数存在很大差异。另外，模型法、生命周期法、决策树法等都是碳源测算的重要方法，不同碳源所采用的测算方法各异。

森林是二氧化碳的吸收器、储存库和缓冲器，如果森林遭到破坏，就变成了二氧化碳排放源。森林碳汇指森林植物吸收大气中的二氧化碳并将其固定在植被或土壤中，从而减少该气体在大气中的浓度。树木通过光合作用吸收大气中的二氧化碳，减缓温室效应，这就是森林碳汇作用。二氧化碳是树木生长的重要营养物质。树木把吸收的二氧化碳在光合作用下转变为糖、氧气和有机物，为生物界提供枝叶、茎根、果实、种子，提供最基本的物质和能量来源，这种转化过程形成了森林的固碳效果。资料表明，森林面积虽然只占陆地总面积的1/3，但碳储量几乎占陆地碳库总量一半。2020年10月，《自然》科学期刊某国际团队的研究报告显示，中国西南地区和东北地区的碳汇已达到中国整体陆地的35%以上。

广义的碳汇范围不仅是森林，还包括草地碳汇、耕地碳汇、土壤碳汇、海洋碳汇等。

草地碳汇：能力强大，可以将吸收的二氧化碳固定在地下的土壤，多年生草本植物的固碳能力更强。随着我国退耕还林、还草工程的实施，将会加速发挥草地的固碳作用。

耕地碳汇：仅涉及农作物秸秆还田固碳部分，原因在于耕地生产的粮食都被消耗，其中固定的二氧化碳又被排放到大气中，部分秸秆被燃烧，只有作为农业有机肥的部分将二氧化碳固定到了耕地土壤中。

土壤碳汇：土壤是陆地生态系统中最大的碳库，在降低大气中温室气体浓度、减缓全球气候变暖中，具有十分重要的作用。根据“酶锁理论”，土壤微生物可作为碳“捕集器”，以减少大气中的温室气体。

海洋碳汇：是将海洋作为一个特定载体吸收大气中的二氧化碳，并将其固化的过程和机制。地球上超过一半的生物碳和绿色碳是由海洋生物诸如浮游生物、细菌、海草、盐沼植物和红树林等捕获的，单位海域中生物固碳量是森林的10倍，是草原的290倍。

UNFCCC第九次缔约方大会召开时，就对造林和再造林等林业活动纳入碳汇项目达成共识并制定了运作规则，为正式启动实施造林、再造林碳汇项目创造了有利条件。《京都议定书》承认森林碳汇对减缓气候变暖的贡献，并要求加强森林可持续经营和植被恢复及保护，允许发达国家通过向发展中国家提供资金和技术开展造林、再造林碳汇项目，将项目产生的碳汇额度用于抵消其国内减排指标。

碳源与碳汇的供需互换称为碳交易。碳交易正在成为实现“双碳”目标的引擎，推动社会、企业和相关经济体以更快的速度和更加创新的方式投入轰轰烈烈的节能减排行动中。

随着国内外碳交易市场成熟，企业和个人捐资的碳汇可以积累碳信用指标，不仅能够抵减一定量的碳排放，还有望进入碳市场进行交易，从而获得更多意外的高收益，对于企业而言更是长远投资和更广阔的战略布局。

碳排放交易

碳排放交易是推动实现“双碳”目标的重要政策工具，是减少全球二氧化碳排放所采用的市场机制。

碳排放交易，亦称碳交易，是为促进全球温室气体减排，减少全球二氧化碳排放所采用的市场机制。

1992年5月9日，IPCC通过艰难谈判通过了UNFCCC。1997年12月于日本京都通过了公约的第一个附加协议，即《京都议定书》，把市场机制作为解决以二氧化碳为代表的温室气体减排问题的新路径，即把二氧化碳排放权作为一种商品，从而形成了二氧化碳排放权的交易，即碳交易。

欧盟在推动碳交易方面走在世界前列，已经制定了气体排放交易方案，通过对特定领域温室气体排放量进行认定，允许减排补贴进入市场，以实现减少温室气体排放的目标。

在发展中国家尚不承担有法律约束力的温室气体限控义务的情况下，中国已有7家主要碳排放交易所：广州碳排放权交易所、深圳排放权交易所、北京环境交易所、上海环境能源交易所、湖北碳排放权交易所、天津排放权交易所和重庆碳排放权交易所，希望推动自愿减排。其中，深圳排放权交易所在2013年6月18日率先启动并产生了1300多万元的交易量，同时设立个人会员和公益会员。

中国工厂和国际碳排放交易商正在从温室气体排放交易中获取巨额利润。化工厂减少向大气排放污染性的氢氟烃气体，可获得碳排放信用，这种信用在国际碳排放交易市场上可以出售。石化企业是高耗能、高污染、高排放企业，必须对生产工艺、设备、技术进行改进，但是就产业而言，关键是要加强替代石化能源的新能源开发，如风能、核能、光伏等。碳排放信用额度的最终买家是发达国家政府，其目前已同意按照《京都议定书》的要求减少温室气体排放。

2004 年以来，以各种减排项目为目标的额度逐渐放大并催生了交易规模超过千亿美元的全球碳排放交易市场，五年时间增长超过百倍。

2011 年 11 月，中国碳排放交易试点启动，确定了七个省市作为试点地区，各个试点单位建立专门班子，编制实施方案，建立管理制度和交易核查与认证机构；2016 年开始对重点行业、重点企业的碳排放情况进行摸底，以纳入企业的历史碳排放进行核算、报告与核查；2017 年 12 月 19 日，全国碳排放交易体系正式启动，全国统一碳市场建设就此拉开帷幕；2021 年 7 月 16 日，全国碳排放权交易市场上线交易启动仪式举行，注册登记系统由湖北省牵头建设、运行和维护，交易系统由上海市牵头建设、运行和维护，数据报送系统依托全国排污许可证管理信息平台建成。

全国碳市场是利用市场机制控制和减少温室气体排放、推进绿色低碳发展的制度创新，也是推动实现“双碳”目标的重要政策工具。2021 年纳入发电行业重点排放单位共 2162 家，覆盖约 45 亿吨二氧化碳排放量，是全球规模最大的碳市场。

碳金融

中国已经成为全球最大的碳交易市场。

碳金融目前没有统一的概念，一般而言指所有服务于限制温室气体排放的金融活动，包括直接投融资、碳指标交易和银行贷款等。碳金融的兴起源于国际气候政策的变化，并且与两个具有重大意义的国际公约紧密相关，即UNFCCC和《京都议定书》。

碳金融可以这样定义：运用金融资本去驱动环境权益的改良，以法律法规为支撑，利用金融手段和方式在市场化平台上使得相关碳金融产品及其衍生品得以交易或者流通，最终实现低碳发展、绿色发展、可持续发展。

1992年6月，在巴西里约热内卢举行的联合国环境与发展大会上，150多个国家制定了UNFCCC；1994年3月，正式生效，奠定了应对气候变化国际合作的法律基础，是具有权威性、普遍性、全面性的国际框架。UNFCCC建立了一个向发展中国家提供资金和技术，使其能够履行公约义务的资金机制。1997年12月11日，第三次缔约方大会在日本京都召开，149个国家和地区的代表通过了《京都议定书》。1998年5月，中国签署并于2002年8月核准了该议定书。2005年2月16日，《京都议定书》正式生效，这是人类历史上首次以法规的形式限制温室气体排放。

为了促进各国完成温室气体减排目标，《京都议定书》允许采取四种减排方式：两个发达国家之间可以进行排放额度买卖的“排放权交易”，以“净排放量”计算温室气体排放量；可以采用绿色开发机制，促使发达国家和发展中国家共同减排温室气体；可以“集团方式”采取有的国家削减、有的国家增加的方法，在总体上完成减排任务。从经济角度出发，它催生出了一个以二氧化碳排放权为主的碳交易市场。由于二氧化碳是最普遍的温室气体，也因为其他五种温室气体根据不同的全球变暖潜能，以二氧化碳来计算其最终的排放量，因此国际上把这一市场简称为“碳市场”。

碳市场的参与者从最初的国家、公共企业向私人企业以及金融机构拓展。交易主要围绕两方面展开：一方面是各种排放（减排）配额通过以交易所为主的平台易手，另一方面则是相对复杂的以减排项目为标的的买卖。前者派生出类似期权与期货的金融衍生品，后者也成了各种基金追逐的对象，而且相关交易工具在不断创新，规模还在迅速壮大。随着二氧化碳排放权商品属性的不断加强以及市场的越发成熟，越来越多的金融机构看中了碳市场的商业机会，投资银行、对冲基金、私募基金以及证券公司等金融机构在碳市场中也扮演着不同的角色，同时各种类型资本的踊跃参与加快了整个碳市场的流动，扩大了市场容量，使碳市场快速走向成熟。

2021 年 7 月，中国碳交易市场于北京、上海、武汉开市，一举成为全球规模最大的碳交易市场。

碳足迹

碳足迹表示人或者机构团体的碳耗用量。

所有温室气体排放通常用二氧化碳当量来表示。

碳足迹指企业机构、活动、产品或个人通过交通运输、食品生产和消费以及各类生产过程等引起的温室气体排放的集合。它描述了人的能源意识和行为对自然界产生的影响，号召人们从我做起。

碳足迹表示人或者机构团体的碳耗用量。而“碳”就是由石油、煤炭、木材等由碳元素构成的自然资源，碳耗用得越多，导致全球气候变暖的因素——二氧化碳也制造得越多，“碳足迹”就越大，反之“碳足迹”就越小。

碳足迹旨在号召公众从减少二氧化碳排放到进行碳补偿，同时转变生活方式，放弃“高碳”生活，倡导“低碳”的生活。基本公式如下：

家居用电二氧化碳排放量（千克）= 耗电度数 ×0.785× 可再生能源电力修正系数；

开车二氧化碳排放量（千克）= 油耗公升数 ×0.785；

乘坐飞机二氧化碳排放量（千克）：

短途旅行（200 千米以内）二氧化碳排放量（千克）= 千米数 ×0.275× 该飞机的单位客舱人均碳排放；

中途旅行（200~1000 千米）二氧化碳排放量（千克）= 55+0.105×（千米数 –200）；

长途旅行（1000 千米以上）二氧化碳排放量（千克）= 千米数 ×0.139。

按照以上碳足迹的计算公式，乘飞机旅行 2000 千米，排放 278 千克二氧化碳，排放者需要种植三棵树来抵消；用 100 度电就排放 78.5 千克二氧化碳，需要种植一棵树；自驾车消耗 100 公升汽油，排放 270 千克二氧化碳，需要种植一棵树。如果不以种树补偿，则要根据国际碳汇价格，每排放 1 吨二氧化碳补偿 10 美元，用以请别人种树。

制造企业供应链一般包括采购、生产、仓储和运输，其中仓储和运输会产生大量二氧化碳。目前，世界范围内已有多个国家和地区开展产品碳足迹评价制度；英、日、美等国已经建立多种低碳认证及标签；许多发达国家的企业通过在其产品上标注碳排放或节能信息以迎合碳中和理念。我国很多企业也开始践行从产品源头设计便开始关注低碳制造的理念。

个人生活方式如用水、用纸、用电、度期、交通方式、垃圾处理、饮食等都与碳排放相关。碳排放量多少决定在人，在维持生活质量的基础上可以做到环保节能减排，同时也可以通过植树或其他吸收二氧化碳的方式对自己产生的碳足迹进行一定程度的抵消或补偿。保护和管理好现有森林，扩大森林面积、蓄积量、生物量和生长量，可增加森林对碳的吸收，发挥森林碳汇作用，不仅能够有效遏制全球气候变化，还能美化环境，提高生态、社会、经济、文化功能和效益。

我们随时随地都可以减少碳足迹，如坚持轻慢运动、不抽烟、选择有机食品和健康食品、不乱扔垃圾、亲近大自然并选择环保的“有机旅行”、使用荧光灯而非白炽灯、人走灯熄关闭电源、旧物或多余物品捐赠、节约用水、多乘坐公共交通工具、多步行……

碳税

碳税指针对二氧化碳排放所征收的税。欧盟征收航空碳税。

碳税（carbon tax）指针对二氧化碳排放所征收的税，以环境保护为目的，希望通过削减二氧化碳排放来减缓全球变暖。碳税通过对燃煤和石油下游的汽油、航空燃油、天然气等化石燃料产品，按其碳含量的比例征税来达到减少化石燃料消耗和二氧化碳排放的目的。

碳税与全球气候变化相联系，理论上需要一个全球性的国际管理体制。

征收碳税的主要目的：一是减少温室气体排放；二是使替代能源与廉价燃料相比更具成本竞争力，进而推动替代能源使用；三是将征收碳税获得的收入用于资助环保项目或减免税额。

碳税征收标准按照化石燃料燃烧后的排碳量决定。为了减少费用支出，公共事业机构、商业组织和个人均将努力减少使用化石燃料；个人可能会放弃私家车而改乘公共交通，使用节能灯来代替白炽灯；商业组织可通过安装新型装置或更新供热 / 制冷系统来提高能源利用效率；公共事业机构亦可千方百计减少温室气体排放。

多年之前，就有发达国家酝酿征收碳关税，出口产品按整个生产过程中排放的二氧化碳来征收关税。如果相关产业因此进行节能减排，每年行业企业所使用的石油类能源也将有所降低。

碳税的影响广泛而深远，涉及社会经济和人民生活诸多方面。政府征收碳税不仅应考虑环境效果和经济效率，还要考虑社会效益和国际竞争力等。不同国家和地区在不同的经济社会发展阶段，碳税实施效果会有较大差异。但从长期来看，碳税是有效的气候经济政策工具，能有效减少二氧化碳排放，降低能源消耗，改变能源消费结构。

碳税对经济增长的影响具有两面性：一方面会降低私人投资的积极性，对经济增长产生抑制作用；另一方面可增加政府收入，扩大政府投资规模，对经济增长起到拉动作用。从时间角度考察，短期内碳税会影响相关产品价格，抑制消费需求，从而影响经济增长。但从中长期来看，碳税将促进相关替代产品研发，降低环境治理成本，有利于经济健康发展。碳税将对相关国家和地区的能源消费结构产生深远影响，企业会主动采取节能技术、降低能源消耗、采用替代能源、改变能源消费结构。

丹麦是世界上最早征收碳税的国家，早在1991年就通过了征收碳税的议案，其税率由高至低分别为交通业、住商用电、轻工业、重工业。美国科罗拉多州的玻尔得市（Boulder）向所有消费者包括房屋所有者和商业组织征收本市地方碳税。加拿大魁北克省对石油、天然气和煤征税。南非政府多年前曾对外宣布积极应对气候变化的方案，其中包括向排放二氧化碳的工业企业征税的计划。

中国碳税绸缪已久，根据我国现阶段状况，从促进民生的角度出发，对于个人生活使用的煤炭和天然气排放的二氧化碳，暂不征税。从远期来看，征收碳税对经济的负面影响将会不断弱化。但我国仍属发展中国家，征收碳税的经济代价十分高昂。

美国碳税中心制定了理论税率，欧洲很多国家碳税税率早已出炉。北欧很多国家已经广泛实施碳税，丹麦、芬兰、荷兰、挪威、波兰和瑞典等国已经开始推行碳税政策。欧盟已经实施航空碳税，在2011年11月30日举行的联合国气候变化峰会就将航空业纳入碳排放交易体系（Emissions Trading System，ETS），决定“不可更改”。自2012年起所有在欧盟境内起降的航班必须为飞行中排放的温室气体付费，对拒不执行的航空公司施以超出规定部分每吨100欧元的罚款以及欧盟境内禁飞的制裁措施。2012年2月22日，包括中国、美国、印度以及东道主俄罗斯在内的23个国家，在莫斯科签署《莫斯科会议联合宣言》，要求欧盟停止单边行动，回到多边框架下解决航空业碳税排放标准问题。2012年3月1日，在航空碳税遭到中、美、俄等国签署协议抵制后，欧盟不退反进，提出在航空碳税基础上再增加航海碳税，制定了全球航空和航海行业碳税征收价格单。

经济学家青睐碳税，是因为其具有可预见性，而且征收方法通俗易懂。

碳关税

碳关税是国际间节能减排政策工具，是主权国家或地区对高耗能产品进口征收的二氧化碳排放特别关税。

碳关税最早由法国前总统希拉克提出，希望欧盟国家针对未遵守《京都协定书》的国家课征商品进口税，否则在欧盟碳排放交易机制运行后，欧盟国家所生产的商品将遭受不公平竞争，特别是境内的钢铁业及高耗能产业。

碳关税，也称边境调节税（border tax adjustment，BTA），是对在国内没有征收碳税或能源税、存在实质性能源补贴国家的出口商品征收特别的二氧化碳排放关税，主要是发达国家对从发展中国家进口的碳排放密集型产品，如铝、钢铁、水泥和一些化工产品征收的一种进口关税。

碳关税是主权国家或地区对高耗能产品进口征收的二氧化碳排放特别关税，本质上属于碳税的边境税收调节。碳关税的纳税人主要指不接受污染物减排标准的国家的高耗能产品出口到其他国家时的发货人、收货人或者货物所有人。课税范围主要是没有承担 UNFCCC 下污染物减排标准的国家出口到其他国家的高耗能产品，诸如铝、钢铁、水泥和某些化工产品。征税依据是产品在生产过程中排放碳的数量，主要以化石能源的使用数量换算得到。目前还没有国家具体出台碳关税税率的相关规定，但根据相关研究，应当与对标国家的国内碳税税率一致。

碳关税在世界上并没有规模化征收范例，但是欧洲的瑞典、丹麦、意大利，以及加拿大的不列颠哥伦比亚省和魁北克省在本国（省）范围内征收碳税。

2007 年，时任法国总统希拉克针对美国退出《京都议定书》，提出应当针对来自美国的进口产品征收碳关税。

2009 年 6 月底，美国众议院通过一项征收进口产品“边界调节税”法案，从 2020 年起开始实施碳关税，表示要对进口的排放密集型产品，诸如铝、钢铁、水泥和一些化工产品，征收特别的二氧化碳排放关税。

多年以来，欧美等发达国家声称推行的“碳关税”，其实是在借“环境保护”的名义削弱竞争对手的竞争力，从而实行贸易保护主义。这种贸易保护主义对中国经济形成了挑战，因为中国对欧美国家出口的商品不仅数量巨大，而且集中于高能耗产品。世界银行研究报告称，如果碳关税全面实施，中国制造在国际市场上可能将面临平均 26% 的关税，这意味着中国大量企业必须进行碳足迹验证并承担减排责任，否则跨国公司的订单将会大幅下降。

研究表明，人类社会排放的二氧化碳 80% 来源于发达国家之前的工业化进程。而且，从 20 世纪 50 年代开始，发达国家将本国高污染、高排放的工业转移到发展中国家之后，通过“碳关税”让发展中国家承担碳减排责任是欠妥的，不仅违背了 UNFCCC 及《京都议定书》确定的“共同但有区别的责任”原则，而且也会成为贸易保护主义的新借口。

碳基金

碳基金是源于UNFCCC和《京都议定书》的绿色金融工具，以金融投资方式帮助改善全球气候变暖。

碳基金是由政府、金融机构、企业和个人投资设立的专业基金，通过投资碳信用额度或投资全球温室气体减排项目，经过一段时间运营给予投资者碳信用或现金回报，以金融投资的方式帮助改善全球气候变暖状况。

碳基金源于UNFCCC和《京都议定书》。UNFCCC要求作为温室气体排放大户的发达国家采取具体措施限制温室气体的排放，并向发展中国家提供资金以支付它们履行公约义务所需的费用。UNFCCC建立了一个向发展中国家提供资金和技术，使其能够履行公约义务的资金机制。这样的规定使温室气体减排量成为可以交易的无形商品，促进了全球碳金融的发展，碳基金也应运而生。

广义的碳基金不仅采购碳信用，还促进碳信用生成。购买并获得碳信用是建立碳基金的重要初衷。碳基金获取碳信用的类型主要包括四类：清洁发展机制（Clean Development Mechanism，CDM）项目产生的核证减排量（Certified Emission Reduction，CER）、联合履约机制项目产生的减排量（Emission Reduction Unit，ERU）、其他非《京都议定书》覆盖的减排计划产生的自愿减排量（Voluntary Emission Reduciton，VER）、其他由减排产生的排放许可或相关衍生品。

世界上首个碳基金是世界银行建立的世界原型碳基金（Prototype Carbon Fund，PCF）。该基金是世界银行对清洁发展机制项目进行投资的主力，也是具有封闭性的共同基金。欧洲是现今拥有最大管理数量碳基金的地区，也是最早创立碳基金的地区，欧洲企业和开发银行是国际碳市场开发初期的碳基金主要发起人。

国际上著名的碳基金主要有以下几种设立和管理方式：

一是全部由政府设立和政府管理。如芬兰政府外交部于 2000 年设立 JI/CDM 试验计划，在萨尔瓦多、尼加拉瓜、泰国和越南确定了潜在项目。2003 年 1 月开始向上述各国发出邀请，购买小型 CDM 项目产生的 CER。奥地利政府创立的奥地利地区信贷公共咨询公司（KPC）为奥地利农业部、林业部、环境部及水利部实施奥地利 JI/CDM 项目，已在印度、匈牙利和保加利亚完成了数项 CDM 项目。

二是由国际组织和政府合作创立，由国际组织管理。这部分 CDM 项目主要由世界银行与各国政府之间的合作促成。世界上创立最早的碳基金是世界银行的 PCF，政府方面有加拿大、芬兰、挪威、瑞典、荷兰等参与，另外还有 17 家私营公司也参与了碳基金。PCF 的日常工作主要由世界银行负责，与此相同的碳基金还有意大利碳基金、荷兰碳基金、丹麦碳基金、西班牙碳基金等。

三是由政府设立，采用企业模式运作。主要代表是英国碳基金和日本碳基金。英国碳基金是一个由政府投资、按企业模式运作的独立公司，成立于 2001 年。政府并不干预碳基金公司的经营管理业务，碳基金的经费开支、投资、人员工资奖金等由董事会决定，政府不干预。

四是由政府与企业合作建立，采用商业化管理。这种类型的代表为德国和日本的碳基金。德国复兴信贷银行（KFW）碳基金由德国政府、德国复兴信贷银行共同设立，由德国复兴信贷银行负责日常管理工作。日本碳基金主要由 31 家私人企业和两家政策性贷款机构组成。政策性贷款机构日本国际协力银行（JBIC）和日本政策投资银行（DBJ）代表日本政府进行投资与管理。

碳基金的设立方式不同，目标也有所不同。政府设立的碳基金运营方式各异但是目标基本相同，主要是希望通过 CDM 项目购买的方式，缩小本国《京都议定书》的目标与国内潜在减排量之间的差距。同时这些碳基金还要帮助企业和公共部门减少二氧化碳的排放，提高能源效率和加强碳管理，并且投资低碳技术的研发。

世界银行参与设立和管理的碳基金都有世界银行政策的烙印，这些碳基金不仅要完成本国目标，还要与世界银行合作完成其战略目标：要求促进高质量的减排，为可持续发展和降低《京都议定书》造成的成本作出贡献；促进知识的传递，为参与者提供“干中学”的机会，使参与者学习到 CDM 和 JI 框架下的政策、规定和商业运行方式；促进国有与私营合作模式的发展，诠释世界银行的国有与私营合作模式是如何通过市场机制使资源配置更有效率；还要确保碳基金参与者与宗主国之间由减排项目带来的其他收益、利益分享均衡。由企业出资的碳基金则主要为了从购买并转卖 CDM 项目中获取利润。

碳基金的融资方式主要有：①政府承担所有出资，这种方式主要为由政府出资并管理的碳基金所选择，如芬兰、奥地利碳基金等。②由政府和企业按比例共同出资，这是最常用的一种方式，世界银行参与建立的碳基金都采用这种方式，另外德国 KFW 和日本碳基金也采用该方式，操作灵活、筹资速度快、筹资量较大。此外可以由政府先认购碳基金一定数目的份额，其余份额由相关企业自由认购。③政府通过征税的方式出资，英国就是如此，好处是收入稳定，而且通过征收能源使用税，也可以采用价格杠杆限制对能源的过分使用，促进节能减排。④企业自行募集的方式，主要为企业出资的碳基金所采用。

世界各国在碳基金筹集方面的经验表明，资金规模的确定主要是考虑如何满足碳基金设立目标的需求。

国外碳基金运营管理特征是由政府设立企业化运作、吸收专业人士参与，既能利用政府部门背景准确把握和执行宏观政策，又可发挥专业人士的技能和管理特长，保证基金运营的效率性和政府对基金的监督性。

作为政府性应对气候变化的专门基金，中国清洁发展机制基金正是采用了这种模式，基金的管理成员来自政府、企业、学术界等不同领域，在治理结构和监管体系的建立过程中，很好地借鉴了国外碳基金的管理理念和监督机制。

国际碳基金筹集的资金一般有三个来源：公共资金、私人资金和混合资金。公共资金来自工业化国家的公共资金，旨在通过碳信用额度或与发展中国家合作来抵消超额排放，促进项目机制的开发项目进行。私人资金来自私人投资者，可以是能源供应商或工业公司。混合资金则两者兼有。

碳基金获得碳信用和碳许可有三种主要来源：一是直接从 CDM 和 JI 减排项目碳信用中获取（初级碳市场）；二是通过公开市场碳交易平台，例如欧洲气候交易所获得其开发的标准化碳信用交易产品（二级碳市场）；三是通过双边或多边国家之间的场外交易市场（Over-the-Counter，OTC）获得。

我国碳基金设立的资金来源主要来自政府与国家机构、企业与个人。运作模式分为三个阶段：一是投资阶段，即碳基金投资机制，是运行机制的项目选择、评估、投入资金等过程；二是收益阶段，即碳基金收益机制，是运行机制的项目取得收益的过程；三是撤资阶段，即碳基金退出机制，是收益终止后的碳基金退出。

马斯克是位“卖碳翁”

醉翁之意不在酒，造车利润不在车。碳排放积分可以出售甚至带来超乎想象的营业收入。

马斯克，其实也是位“卖碳翁”。

此“碳”非彼“炭”，此翁非彼翁。马斯克绝非白居易笔下所描述的靠卖炭生存的贫民，而是凭借生产特斯拉新能源汽车、依靠交易碳积分就大发其财的亿万富翁。

此一时，彼一时。回顾两千年前《卖炭翁》中的谷贱伤农、炭贱伤翁，无论多么廉价也卖不出去，原因何在？那时卖炭翁们是在逆碳中和而为，把木材变成木炭，再变成二氧化碳，所以1000多斤木炭只换了半匹红绡一丈绫。

马斯克卖“碳”换回了多少美元呢？

卖碳远胜卖车。马斯克堪称卖“碳”生意第一人。特斯拉2020年财报显示全年营业收入为315.36亿美元，交付了49.96万辆车，净利润为7.21亿美元，出售碳排放积分收获的15.8亿美元为纯利润，是汽车利润的两倍多，真可谓“卖碳躺赚”。

欧阳修说“醉翁之意不在酒”，马斯克这不是在造车，而是在借卖车之名“卖碳”。这种“短平快”的赚钱方式引起外界微词，甚至特斯拉高管不得不出面承认，从长远来看的确不能指望这种现金流来维持企业运营，但是在接下来的几个季度，其碳排放积分交易仍将保持强势。

出售碳排放积分可以带来营业收入甚至纯利润，这主要源于美国11个联邦州对汽车企业的环保规定，要求当地的汽车厂商在2025年之前销售一定比例的零排放汽车，如果做不到，这些汽车厂商就必须从新能源企业购买积分，否则就会受到当地监管机构的惩罚。由于特斯拉生产的是清洁能源电动汽车，因此获得的碳排放积分远远超过了监管要求，所以就拥有大量多余的积分可以出售给其他汽车厂商。

虽然未见财政补贴和减税政策，美国这种带有处罚性质的碳中和相关政策，成为马斯克和“特斯拉们”的重大利好和源源不断的生财之道。“无本万利”的交易和天价收入，也让美国的其他业界一流企业和国际富豪们看红了眼，甚至纷纷效仿。

电商巨头亚马逊也做起了“碳生意”。2019 年 9 月，亚马逊上架大批贴有“气候友好承诺”标签的低碳商品，这些产品包括食品杂货、家居等，均在生产或包装环节中使用了低碳环保技术，并且在上架前得到了权威认证。

硅谷科技巨头苹果公司，参与碳中和的代表性动作是在 2021 年秋季苹果发布会上，隆重宣布取消手机产品附带的耳机和插头，声称这将为生产和物流等环节每年减少 200 万吨的碳排放，相当于每年减少生产 45 万辆汽车。其实，苹果早在 5 年前就悄悄做起了“碳生意”，卖绿色电力早已成了苹果多元化收入的一部分。

笔者觉得有些话不得不说，卖碳是大肥肉，卖电是小零食。科技巨头和世界首富争当“卖碳翁”，纷纷做起了碳中和生意，其实更多是看到了碳中和生意的“钱景”。

从衣食住行的生活习惯而言，比尔·盖茨本人是位坚定的碳中和践行者，每年直接花费 700 万美元抵消其碳足迹。他每年需要频繁地乘坐私人飞行出行，这无疑造成了大量碳排放，但不能因噎废食地放弃坐私人飞机改成普通航班，而是选择花钱来抵消个人行动产生的碳排放，即为自己超标的碳排放买配额，这是他担当社会公益责任的表现。

2021 年 2 月初，马斯克和马斯克基金会（Musk Foundation）宣布，与非营利公益创新基金会 XPRIZE 合作，以应对气候变化问题的挑战，鼓励对碳中和技术的探索。预计到 2030 年，全球每年需要去除多达 6 兆吨的二氧化碳，到 2050 年，每年需去除 10 兆吨的二氧化碳。要实现这个目标，需要大胆而彻底的技术创新和扩大规模限制二氧化碳的排放，还要消除空气和海洋中已经存在的二氧化碳。

马斯克、比尔·盖茨、贝索斯、孙正义等世界顶级富豪积极投身碳中和相关事业，背后由多方面复合的原因驱动，其中既包括精神层面的环保追求和社会责任的担当，也和巨大商业价值与发展前景分不开。他们左手完成造福人类发展、保护地球的使命，右手也沿着商业化的路径发展，通过商业化和公益化种种方式，把环保愿景与生产生活结合起来，推动碳中和目标达成。

碳中和不仅是生意，更是关乎全人类发展的百年大计。有权威机构指出，如果人类继续按照现在的碳排放标准生产生活而不节制，到2100年，全球平均温度可能会升高6℃左右。父母之爱子，则为之计深远。碳中和被提上紧迫日程，成为炙手可热的关键词。

碳中和，指企业、团体或个人测算在一定时间内直接或间接产生的温室气体排放总量，通过植树造林、节能减排等形式，以抵消自身产生的二氧化碳排放量，实现二氧化碳“零排放”。而现在说的“零排放”，并不是不排放，而是通过使用可再生能源、可回收材料、提高能源效率，以及以植树造林、碳捕获等方式，将自身碳排放“吸收”，实现正负抵消，达到相对“零排放”。

为应对气候变化，中国领导人习近平在第七十五届联合国大会一般性辩论上提出，“二氧化碳排放力争于2030年前达到峰值，努力争取2060年前实现碳中和”的目标承诺。“碳中和、碳达峰”在2021年“两会”首次列入政府工作报告，而且被列为2021年重点任务，国务院和央行也都发布了相关推动政策。从产业、资本到市场，改变正在润物细无声地发生，二级市场上甚至出现了很多冲击涨停的“碳中和概念股”。

只有政治承诺远远不够，还需紧锣密鼓的执行。我国是发展中国家，现阶段的经济增长仍然离不开二氧化碳排放。中国提出要在2030年碳排放达到最高峰，然后逐年下降到碳中和。

企业减少碳排放的转型升级过程，势必会带来短期成本的上升。碳中和行为从企业盈利角度来说是动力不足的，“市场之手”便成为解决问题的有力武器。把碳排放量化，变成可以买卖的商品，成为现阶段的权宜选择，于是碳交易产生了，特斯拉、亚马逊、微软、苹果这些世界级科技巨头新的生意经便也高调地唱起来了。

碳交易是政府为企业的温室气体排放设定上限，并把这个量用排放配额的形式分配或出售给企业，每个企业都可以购买和出售排放配额。参加交易的制造工厂、电厂等企业可以根据各自的配额进行调整，如果削减了排放量，就可以出售余量，或是把它存起来备用。如果用尽了现有配额，就需要购买更多的配额，而购买价格通常具有惩罚性质。随着时间推移，政府可以降低排放量上限，让配额更加稀缺，加大价格压力，从而促进企业减排，以此释放市场竞争，推动节能和清洁技术的使用。

目前欧洲和美国加利福尼亚州已经在采取这种方法。中国自2011年开始，启动了地方碳交易试点工作。碳排放比例较大的石化、化工、建材、钢铁、有色、造纸、航空等重点行业，也将逐步纳入交易市场，电解铝这种能耗大的行业就有很大可能进入。这些排放高的企业将是碳交易市场的主要买家，而新能源如光伏、风电、水电、电动车、环保等相关企业将是碳交易中的主要卖方。因为节能减排做得好的公司，可以出售额外的碳排放配额给需求方。

碳中和的背后是能源竞争和产业变革，其影响是极其深远的。新基建概念下的光伏、特高压、新能源循环体系曾经在2020年相继得到了快速发展，提振了我国在2060年实现碳中和的信心。碳中和的本质是清洁能源革命。在全球实现碳中和的过程中，风险投资机构也将大有可为，数字化和智能技术的广泛应用，都将为碳中和赋能。

随着越来越多国家和地区承诺在2060年前实现碳中和，全球碳市场都在轰轰烈烈地积极扩张，全球运行的碳排放交易体系已达到21个，全球碳交易市场每年交易规模超过600亿美元。我国的碳交易尚处于初始阶段，国内企业看到了特斯拉凭借卖碳排放积分挣钱的妙招，国内造车新势力也不甘落后，据说蔚来汽车 2021 年卖碳也产生了近亿元人民币收入。

2021 年是我国的“碳中和”元年，随着“双碳”目标的提出，中国经济的能源转型和结构性升级将进入快车道。随着我国新能源积分制度的逐渐完善，价格也呈现出水涨船高的趋势。中国已拥有全球规模最大的碳交易市场。碳中和正在成为产业、金融、市场重新洗牌的新抓手，同时也是新规则和新标准，新的世界级企业亦将应运而生。

炭和碳，今非昔比。白居易笔下的“卖炭翁”而今可以实现华丽转身，“碳”领域正在涌现出最大最多的世界级企业和亿万富翁。

碳排放量的计算方法

中国交易机构使用中国本土的统计数据和转换因子，计算更符合中国国情，也能更准确地反映实际碳足迹。

碳计算的首要任务是确定企业边界，即确定企业经营活动的范畴，确定何种公司业务可以纳入清单，哪项公司业务可以纳入清单的百分比。

碳排放量指在生产、运输、使用及回收过程中所产生的平均温室气体排放量。动态的碳排放量则是每单位货品累积排放的温室气体量，同一产品的各个批次之间会有不同的动态碳排放量。

作为全球最大的碳交易市场，学习借鉴国际经验对我国碳排放权交易市场建设意义重大。随着碳交易市场发展日趋成熟以及合作减排的需要，建立全球碳交易市场的趋势也愈加明显。近年来，国际上已经建立并成功实现连接的碳排放权交易体系，包括欧盟—挪威和美国加利福尼亚州—加拿大魁北克等。加利福尼亚州是美国气候变化政策的先行者，出台了《全球变暖解决法案》应对气候变化。

关于碳排放量的计算，国际上很多通用公式是由联合国及一些环保组织共同制定的。在这些公式的基础上，中国交易机构使用中国本土的统计数据和转换因子，计算方式更符合中国国情，也能更准确地反映实际碳足迹。首先是确定企业边界，即确定企业经营活动的范畴，确定何种公司业务可以纳入清单，哪项业务可以纳入清单的百分比，确定何种排放源可以纳入清单，如何对排放进行归类。其次是确定企业排放源，搜集数据，逐级计算、汇总，完成碳计算。再次是确定碳排放因子，碳排放因子指某种耗能过程中二氧化碳排放的系数。最后是用排放源的用量乘以碳排放因子，就是碳排放量。

其中，工厂排放包括来自企业所拥有或所控制的排放源，涵盖电力、蒸气或其他化石燃料衍生的温室气体排放，制造过程排放源拥有控制权下的原料、产品、废弃物与员工交通运输等，还有逸散性温室气体排放源。

排放源的用量乘以该排放源的碳排放因子，就是碳排放量。以下为碳排放量计算方法，以每家每户生活的排放为例。

家庭用电中，二氧化碳排放量（千克）等于耗电度数乘以 0.785 再乘以可再生能源电力修正系数。

家用天然气，二氧化碳排放量（千克）等于天然气使用度数乘以 0.19。

家用自来水中，二氧化碳排放量（千克）等于自来水使用度数乘以 0.91。

出行驾驶轿车，二氧化碳排放量（千克）等于油耗公升数乘以 0.785。

根据专家统计，每节约 1 度（千瓦时）电，就相应节约了 0.4 千克标准煤，同时减少污染排放 0.272 千克碳粉尘、0.997 千克二氧化碳、0.03 千克二氧化硫、0.015 千克氮氧化物。

企事业机构的建设、运营、管理所产生的碳排放，计算方法是常用燃料发热量和建设材料用量分别乘以每种燃料的碳排放因子，各类运输工具行驶的距离乘以各自的碳排放因子便是各自的碳排放量。

本章结语

碳中和的背后是能源竞争、产业变革、金融创新、制度创新。

本章通过解析碳源与碳汇、碳排放交易、碳金融、碳足迹、碳税、碳关税、碳基金、碳排放量的计算方法，并借鉴马斯克是位“卖碳翁”实证案例，揭示碳中和领域制度创新的意义和价值。

第四章

碳中和科技

用水驱动汽车，很多年前就有如此预言，而这一天正在来临。

气候经济体系的重要支撑和发展源泉是科技创新。碳中和不仅是绿色转型，更是社会整体经济不断迭代升级的运行模式、思维模式和政策框架，是经济由高速增长转型升级进入高质量发展阶段的里程碑。

碳捕集

碳捕集是将大型发电厂、钢铁厂、化工厂等排放源产生的二氧化碳收集起来，用各种方法储存以避免其排放到大气中。

碳捕集主要由烟气预处理系统、吸收和再生系统、压缩干燥系统、制冷液化系统等组成。

碳捕集装置对电厂锅炉排烟进行脱硝、除尘、脱硫等预处理，脱除烟气中对后续工艺有害的物质，然后复合溶液与烟气中的二氧化碳在吸收塔内发生反应，将二氧化碳与烟气分离。其后在一定条件下于再生塔内将其生成物分解，从而释放出二氧化碳。二氧化碳再经过压缩、净化处理、液化，得到高纯度的液体二氧化碳产品。该脱碳装置如同为燃煤电厂这样的碳排放源戴上了口罩，通过过滤把对环境没有任何影响的干净气体排放出去，而把二氧化碳留下来集中处理。

二氧化碳并非洪水猛兽，其工业用途非常广泛，是机器铸造业添加剂，特别是优质钢、不锈钢、有色金属冶炼等金属冶炼业的质量稳定剂，是陶瓷搪瓷生产的固定剂，是饮料啤酒业的消食开胃添加剂，是酵母粉的促效剂，是消防事业的灭火剂。碳捕集技术目前应用的商业价值主要是把捕集封存的碳打入油井，提高原油采收率。

作为经济快速发展的发展中国家，我国过去几十年温室气体排放增长迅速，而且近年的排放位居世界前列。尽管我国单位 GDP 能耗和温室气体排放强度呈下降趋势，但能源消耗和温室气体排放总量仍然存在持续增长趋势。作为补救，我国和世界很多发达国家近十几年来持续研究并且尝试将碳进行捕获、利用与封存。

“十二五”期间，我国就颁布了国家碳捕集利用与封存科技发展专项规划。这意味着碳捕集利用与封存产业已经开始并进入快速发展阶段，表现为：突破一批碳捕集、利用与封存（CCUS）关键基础理论和技术，实现成本和能耗显著降低，形成百万吨级 CCUS 系统的设计与集成能力，构建 CCUS 系统的研发平台与创新基地，建成 30 万 ~50 万吨 / 年规模二氧化碳捕集、利用与封存全流程集成示范系统。

碳捕集的主要技术为 CCUS，具体指将大型发电厂、钢铁厂、化工厂等排放源产生的二氧化碳收集起来，用各种方法储存以避免其排放到大气中，并且加以合理利用的技术，包括二氧化碳捕集、运输、封存和使用。但是，从全球视野而言，该技术仍处于研发和早期示范阶段，尚存在高成本、高能耗、长期安全性和可靠性待验证等突出问题。

微软创始人比尔·盖茨认为，碳捕集、利用与封存技术是负碳技术的关键，如果不能从源头消除碳排放，那么就必须以间接的方式减碳。

“卖碳翁”马斯克通过大力发展新能源汽车产业已经获得美国巨额奖励，他高调宣布开展碳清除大赛，并在推特上声称捐赠 1 亿美元以奖励碳捕集技术的研发应用。

碳中和的时代“谈碳色变”，而碳捕集技术则是把仿佛成为洪水猛兽的二氧化碳捕获，并放到笼子里为人类所用。

碳封存

碳封存是以捕获并安全存储的方式来取代直接向大气中排放二氧化碳的技术。

碳封存是以捕获并安全存储的方式来取代直接向大气中排放二氧化碳的技术。碳封存研究始于 1977 年，近年来获得了较为迅速的发展。

其实，森林再造与限制森林砍伐等就是实现碳封存最具经济效益的方式，而保护和优化陆地生态系统则有利于碳封存的维持和扩增。陆地生态系统对二氧化碳的吸收是自然碳封存过程，因为陆地植物在生长过程中需要利用二氧化碳合成有机物，它们能够在特定的浓度范围内吸收二氧化碳，从而节省了将其分离、提纯等的花费。

世界之所以还需要研究并利用碳封存技术，是专门针对定点源的人类碳排放而言的，如油井、化学工厂、火力发电厂等。碳封存技术的开发重点是捕获和分离二氧化碳，然后将其注入海洋或是深地质结构层中。

2006 年 7 月 4—5 日，中国科技部和英国环境部在北京组织召开“碳捕获与碳封存实现燃煤发电近零排放国际研讨会”，中国政产学研领域代表，来自欧盟、美国、加拿大、澳大利亚等国家和地区，以及有关国际组织的官员和研究人员约 200 人参加。这是中国首次牵头组织关于碳捕获与碳封存的国际会议，体现了我国对温室气体排放和气候变化的重视。

2006 年 10 月 31 日，美国能源部官员在“亚太清洁发展和气候伙伴关系计划”会议上宣布，将提供 4.5 亿美元用于支持美国碳封存技术的研发，并就未来 10 年在美国境内进行 7 项碳封存测试事宜同与会者进行了讨论，合作方已经初步确认了在美国实施碳封存的时机，预计有潜力存储 6000 亿吨二氧化碳，这相当于美国能源部门 200 多年的二氧化碳排放量。亚太清洁发展和气候伙伴关系计划会员国包括澳大利亚、中国、印度、日本、韩国和美国。

碳封存的具体设想，一是将人类活动产生的碳排放物捕获、收集并存储到安全的碳库中，二是直接从大气中分离出二氧化碳并安全存储。由此，人们不仅仅了加快二氧化碳减排速度，并通过辅以碳封存的方法，同时结合提高能源生产和使用的效率，以及增加低碳或非碳燃料的生产和利用等手段，来达到减缓大气中二氧化碳浓度增长的目的。

碳封存的主要方法之一是通过对海洋增肥，也就是利用生态系统来达到碳封存目标的方法。具体思路是向海洋投放微量营养素（如铁）和常量营养素（如氮和磷），由此加速海洋“生物泵”过程，增加海洋对大气中二氧化碳的吸收和存储。这种方法主要是通过提高浮游植物的光合作用增加其产量，然后借助生物链加快二氧化碳向有机碳的转化，再通过有机碳的重力沉降、矿化等机理来实现碳封存。大范围的海洋增肥能够增加渔业产量，从而带来巨大商机。

碳封存的主要方法之二为利用化学和生物技术对二氧化碳进行回收和再利用。例如，利用二氧化碳来生产碳酸镁或是二氧化碳包合物（CO_2 clathrate）的前景很被人看好。在生物技术方面，利用非光合作用微生物过程将二氧化碳转化成有用的原料，如甲烷和醋酸盐。该技术像陆地生态系统那样不需要提纯二氧化碳，从而可节省分离、捕获、压缩二氧化碳气体的成本。

碳封存技术前景光明，不仅对发起者美国有利，而且对各主要化石燃料消费国，特别是煤炭消费国有利。同时它还具有平息有关减排分摊争端的潜在能力。

但是，要实现与现阶段的二氧化碳排放量相当的碳封存，势必将改变全球碳循环的格局，这不仅需要成本较低的技术，而且需要进行正确、严谨的科学研究、论证与评估。往深地质结构层中注入二氧化碳并封存，是否能够确保它们在长时期内稳定存储，且不会因为地壳活动而喷发以致灾难发生。而对海洋的增肥以及向深海注入二氧化碳，更需要有模式模拟和研究以提供相关的技术参数作为科学依据。同时，向深层海洋注入二氧化碳或是通过海洋增肥的方式引发更多的碳沉降，会增加海洋中碳由上至下的传输，这势必引起海洋碳循环的变动。利用海洋环流模式、碳循环模式等并结合生物化学过程可模拟碳沉降、液态二氧化碳浓度在洋底的分布、随洋流的扩散等特征，进而分析海洋生态的反馈，分析整个气候系统的反馈等。另外，气候评估模式也能够评价海洋增肥的生态效应。所以，必要的科学实验结合相应的模式模拟和评估，有利于碳阱的选择，并确保不会产生负面的环境影响。

从全球主要类型的二氧化碳埋存能力来看，地质埋存比森林和土地捕获二氧化碳的潜力大，而且后者需要紧缺资源支撑。某些发达国家为实现《京都议定书》的承诺目标，考虑将二氧化碳地质埋存作为减少二氧化碳排放的主要手段之一，并就此展开了系列调查、试验和试点研究工作，亦取得不少经验。国际经验可作为我国二氧化碳地质埋存领域的重要参考。

储能技术

储能技术分为机械储能、电磁储能、电化学储能、储热技术和化学储能等。

储能技术，是通过储能设备将能量以机械能、热能、电磁能等形式进行存储，作为能源产业最具发展前景的前瞻性技术，是构建现代能源体系的关键技术支撑。

储能技术类型可分为机械储能、电磁储能、电化学储能、储热技术和化学储能等。

机械储能：包括抽水储能、压缩空气储能、飞轮储能等。抽水储能技术是当前大规模解决电力系统峰谷困难的主要途径。抽水储能电站需要高低不同海拔的两个水库，并需安装能双向运转的水轮发电机组。抽水储能技术的优势在于储存能量大，理论上可按任意容量建造，储存能量释放持续时间长，而且技术成熟可靠。抽水储能的缺点是电站建设受地理条件限制，一般距离负荷中心较远，不但存在输电损耗，而且当电力系统出现重大事故不能正常工作时，它也将失去作用。压缩空气储能技术在电网负荷低谷期时将过剩的电能用于压缩空气，压缩空气被高压密封存储在地下密闭空间中（如废弃矿井、沉降的海底储气罐、山洞、废弃油气井或新建储气井等），在电网负荷高峰期释放压缩的空气推动汽轮机发电。燃气轮机发电时，为压缩空气需要消耗燃气轮机 50% 以上的有功输出。压缩空气储能技术中，存储的气体被压缩，不需要消耗能量用于压缩空气，从而可使燃气轮机的有功输出效率提高一倍。与抽水储能电站类似，压缩空气储能电站的建设受地形制约，对地质结构有特殊要求。飞轮储能是利用高速旋转的飞轮将电能转换成动能储存的储能技术。飞轮储能装置主要由复合材料高速飞轮、磁轴承系统、永磁电动/发电机、能量转换控制系统和事故屏蔽容器组成。飞轮储能系统中，飞轮与电机相连，利用电力电子变换装置调节飞轮转速，实现飞轮储能和电网之间的功率交换。为了减小能量损失，应确保飞轮处于真空度较高的环境中运行。

电磁储能：包括超级电容器储能、超导电磁储能、双电层型超级电容器等，其中的电荷以静电方式存储在电极和电解质之间的双电层界面上，充电时处于理想极化状态的电极表面，电荷将吸引周围电解质溶液中的异性离子，使其附于电极表面，形成双电荷层，构成双电层电容。在整个充放电过程中，不发生化学反应，因此产品的循环寿命长、充放电速度快。赝电容型超级电容器在充放电的过程中，电极材料发生高度可逆的氧化还原反应，产生和电极充电点位有关的电容。由于此类电容器中法拉第电荷转移的电化学变化过程不仅发生在电极表面，而且可以深入电极内部，因此理论上可以获得比双电层型电容器更高的电容量和能量密度。目前此类电容电极材料主要为一些金属氧化物和导电聚合物。混合型超级电容器是上述两种电容器的混合产物，具有更高的能量密度（可达 30Wh/L，是双电层电容器的 3 倍），并且有很长的循环寿命。超级电容器集长寿命、高功率密度等特性于一身。超级电容器的工作温度范围广，为 –35℃ ~ 75℃，具有可靠性高、可快速循环充放电和放电时间较长等特点。超导电磁储能由法国的费里尔在 1969 年提出构想，利用电网（经变流器）供电励磁，在超导线圈中产生磁场直接储存电磁能，在需要时可将此能量（经逆变器）送回电网。超导线圈由超导磁体制成，形成一个大电感 L，通入电流 I 后，电能将会以磁场能的方式存储在电感中。

电化学储能：包括铅酸电池、钠硫电池、摇椅电池（rock chair）等。铅酸电池是最早使用的二次电池。铅酸电池的能量密度低、寿命短，对环境有污染。虽然有很多缺点，但是由于技术成熟，价格低廉，仍然应用广泛。钠硫电池是一种以金属钠为负极、硫为正极、陶瓷管为电解质隔膜的二次电池。在 300℃ ~350℃的工作温度下，钠离子透过电解质隔膜与硫之间发生可逆反应，释放或储存能量。钠硫电池的能量密度较高，可以大电流、高功率放电。锂 / 钠离子电池在充放电过程中，锂/钠离子像“羽毛球”或“钟摆”在正负极两个化合物之间来回移动，这种电池被称为摇椅电池。

储热技术：包括显热储热、潜热储热、热化学储热。潜热储热是现阶段研究热点，热化学储热在前沿技术方面发展得最快。氢储能技术是解决大规模风电储存的新途径，有望解决弃风问题，提高能源利用率。适于商业应用的有高压气态储氢技术、低温液态储氢技术、金属氢化物储氢技术。

化学储能：铅酸电池技术成形早、材料成本低，是目前发展最为成熟的一种化学电池。我国是铅酸电池的第一大生产国和使用国。铅碳电池是铅酸电池的演进技术，提升了电池的功率密度，延长了电池的循环寿命，是铅酸电池发展的主流方向。锂电池已成为全球最具竞争力的化学储能技术，极具发展前景。钠离子电池是前沿技术的研究热点，也是未来储能技术发展的重要选择之一。液流电池的发展较为平稳，主要应用于大规模可再生能源并网领域，用于削峰填谷保证电网稳定。钠硫电池最近 20 年发展迅猛，日本在钠硫电池产业化细分领域已位居世界前沿。

美国为支持储能发展，从 2009 年开始出台了一系列产业规划和财税政策用于支持技术研发及示范应用。日本也投入大量资金支持核心设备开发、示范项目建设及商业化运作。欧盟国家与加拿大、韩国等也分别出台相应政策激励储能行业发展。近年来，我国在储能项目规划、政策支持和产能布局等方面也加快了速度。

2016 年，国家发展改革委等三部门联合印发《中国制造 2025——能源装备实施方案》，储能成为能源装备发展任务的 15 个领域之一。2017 年，国家能源局等多部委联合印发《促进储能技术与产业发展的指导意见》，这是我国首个国家层面出台的储能产业政策。

削峰填谷

合理调整电网负荷并进行科学管理。

削峰填谷（peak cut），从供给侧而言，指电力企业通过必要的技术手段和管理手段，结合部分行政性手段，降低电网的高峰负荷，提高低谷负荷，平滑负荷曲线，提高负荷率，降低电力负荷需求，减少发电机组投资和稳定电网运行。从消费端而言，是调整用电负荷的措施，根据不同用户的用电规律，合理地、有计划地安排和组织各类用户的用电时间以降低负荷高峰，填补负荷低谷，减少电网负荷峰谷差，使发电、用电趋于平衡。

电厂发电是全天候持续的，如果发出来的电不用掉，就会造成发电能源的浪费。发电厂发电能力通常是固定的、不轻易改变的，但是用电高峰通常在白天，低谷在夜晚，导致白天高峰时段的电不够用，而晚上低谷时段有多余、用不完的电力。针对此种现象，电力系统就把部分高峰负荷挪到晚上低谷期，使白天可以利用晚间多余电力，从而达到节约能源的目的。

负荷转移管理是电力营销的主要内容，目的是通过改变电力消费时间和方式促进均衡用电，提高电网负荷率，改善电网经济运行，优化电力资源配置和合理使用并使客户从中受益。

由于电力需求的多样性和不确定性，使得按满足客户最大需求设置的发供电能力在需求低谷时段被大量闲置，不仅增加了发供电成本，也增加了客户的电费负担。电力企业为了改变这种状况，着手研究并采取用电负荷管理措施，通过指导企业调整生产班次或调整上下班时间，高峰停运大型用电设备，错峰用电，使电网负荷率得到改善。同时，推出与客户利益挂钩的经济激励措施，进一步鼓励客户自愿改变用电时间和用电方式，使电网负荷率获得进一步提高。这样，客户也减少了电费支出。随着科学技术的发展，电力企业对部分客户采取了直接控制负荷技术，并与经济激励措施有机结合，用电负荷管理正在发挥越来越大的作用。在严重缺电时期，国家还可以运用法律和行政手段，干预电力资源的配置和有效利用，对推动用电负荷管理也产生了一定作用。通过负荷转移管理，提高客户电能效率，提高供电可靠性，提高电网负荷率，达到电力供需平衡，实现电网经济运行。

负荷转移在需求侧管理中，是对电力客户用电负荷实行削峰填谷，即转移高峰负荷到低谷去使用。做好负荷转移管理，首先要厘清负荷结构、负荷性质、用电负荷特征，具体实现方式如下。

一是停电电力负荷转移：执行可停电电价的电力负荷转移，是转移高峰负荷的最有效措施之一，其特点是需要制定可停电电价，即电力公司与客户签订合同，在电网需要转移负荷时，电力公司可以断开客户部分用电负荷以达到减少电网高峰负荷的目的。这种措施投资少，见效快。

二是直接负荷控制：我国电力负荷监控系统是在引进工业发达国家负荷管理先进经验基础上开发的，主要功能是直接负荷控制。直接负荷控制首先根据政府管理部门的文件，确定直接负荷控制对象，电力公司据此同多个企业分别签订合同，其内容是对这些企业某类负荷实施直接负荷控制。对居民家庭直接负荷控制的具体做法是电力公司在居民家庭免费安装控制器，对空调、热泵等实施开停、组控、轮控等管理，从而降低高峰负荷。

三是分时电价转移高峰负荷：电力公司实行分时电价，鼓励客户转移高峰负荷至非高峰时段使用，既不会带来电量消耗的变化，也能起到削峰填谷的作用。推广应用蓄冷、蓄热技术与分时电价，对高峰负荷转移、开拓电力市场，特别是开拓低谷电力市场的作用十分明显，既能增加售电量，亦可提高电网负荷率。

提高终端用电效率，可以促进电力和电量的节约。实际上，我国存在缺电现象的原因是缺电力而不是缺电量。削峰填谷措施鼓励用户将高峰时段的负荷移到低谷时段，既可以充分利用现有发电能力，又对电网的经济运行大有裨益。削峰填谷的具体措施如下。

第一，通过政府的法律、标准、政策等，规范电力消费和电力市场，推动错峰、削峰调整负荷等需求侧管理，实质是运用市场模式，强调利益满足需求原则，引导用户改变用电方式、用电时间与合理消费，多用低谷电和季节电，多采用高效率设备。这样既可降低用电成本，又可提升电网负荷率，改善电网经济性，促进国家电力资源优化配置和环境保护。

第二，在终端用户中采用蓄冷、蓄热及能源替代运行技术。空调使用是造成高峰时段电力紧缺的主要原因。冰蓄冷空调、蓄热式电锅炉、蓄热空调、家用蓄热式电热水器等利用深夜电网的过剩廉价电力蓄能，将白天电网负荷高峰时的用电负荷移至深夜电网低谷时段，降低高峰负荷对电网的压力。

第三，合理调整负荷并进行科学管理。电力负荷的调整是全局性工作，供电部门要把生产用户按地区划片，实行轮流厂休制度；按季节特点安排农业用电和工厂大修停电；按供电负荷曲线错开上下班时间和避峰生产，禁止大功率设备在峰段投运；按生产工艺尽量安排三班制生产，安排低谷时段生产用电，错开中午休息和就餐时间，将日常设备检修安排在用电高峰时段等。

第四，实行峰谷电价、季节性电价、可停电力电价制度，用经济手段管理负荷。电力公司根据电网负荷特性确定峰谷时段，在高峰期提高电价，在低谷期降低电价，使用户在电费支付中权衡经济利益，自觉把高峰需求抑制到低谷段或转移高峰需求到低谷段，从而达到削峰填谷的目的。

柔性直流输电技术

绿色北京冬奥会：张北柔性直流电网试验示范工程每年可节约标准煤490万吨，减排二氧化碳1280万吨。

柔性直流输电技术是破解清洁能源大规模并网消纳难题的“金钥匙”，是能源有效驾驭和高效转换最关键的技术之一。作为新一代输电技术，柔性直流输电技术在新能源并网、异步电网互联、城市供电等方面具有显著优势。

柔性直流输电技术，作为构建新型电力系统的关键环节，正在以其多种优势受到世界各国新能源领域的青睐。新型电力系统是实现“双碳”目标过程中确保电网安全和电力可靠供应的关键，而绿色高效、柔性开放和数字赋能是新型电力系统的显著特征，电网消纳高比例新能源的枢纽作用将更加显著。

随着全球输变电技术快速发展，超高海拔输电技术、柔性直流架空输电故障清除技术、新型直流接地技术逐步进入工程化应用阶段，碳纤维复合芯导线、无人机运维方式等应用于特高压输电工程，特高压直流换流阀投入应用，国内外漂浮式海上风电技术规模化应用加快，大规模复杂混联电网仿真技术取得突破。技术创新作为电网现代化的主要驱动力，大容量柔直、多端直流等先进直流输电技术得到推广应用，未来将持续推动电网物理基础设施升级，同步促进新一代数字信息技术与电网基础设施融合创新。全面感知的数字电网技术推动源网荷储各环节深度融合，展现出现代化电网的显著特征，有力推动传统电网向现代化电网形态演变。

柔性直流输电是构建智能电网的重要装备，与传统方式相比，柔性直流输电在孤岛供电和城市配电网的增容改造、交流系统互联、大规模风电场并网等方面具有较强的技术优势，是改变大电网发展格局的战略选择。

柔性直流输电与传统直流输电相比，共优势主要体现在孤岛供电、有功功率与无功功率控制等方面。如在孤岛供电中，传统直流要求在岛上具备发电机组之类的电源点，而柔性直流只需设备启动的电源。与交流输电相比，柔性直流输电的优势主要体现在长距离输电、新能源消纳、成本控制等方面。如在长距离电缆输电中，交流电缆越长，电能损耗越高，输送的有效电能越少。

柔性直流输电更为重要的优势，是可携带来自多个站点的风能、太阳能等清洁能源，通过大容量、长距离的电力传输通道，到达多个城市的负荷中心，这为新能源并网、大城市供电等领域提供了有效解决方案。该技术还面临如何实现高电压、大功率、架空线使用、混合结构直流输电等方面的挑战。

2020 年 6 月 25 日，世界首个柔性直流电网工程——张北柔性直流电网试验示范工程四端带电组网，张北地区的新能源成功接入北京电网，送至 2022 年北京冬奥场馆。该工程采用柔性直流输电技术，建设张北、康保、丰宁和北京 4 座换流站，额定电压 ±500 千伏，总换流容量为 900 万千瓦，配套建设 ±500 千伏直流输电线路 666 千米。张北、康保换流站作为送端直接接入大规模清洁能源，丰宁站作为调节端接入电网并连接抽水蓄能，北京站作为受端接入首都负荷中心。张北柔直工程将张北新能源基地、丰宁站与北京负荷中心相连，可输送约 141 亿千瓦时清洁能源，全面满足北京地区以及张家口地区的 26 个冬奥会场馆总计 1 亿千瓦时的年用电量需求，助力冬奥场馆实现 100% 清洁能源供电。

张北柔性直流电网试验示范工程每年可节约标准煤 490 万吨，减排二氧化碳 1280 万吨，对推动能源转型与绿色发展、服务北京低碳绿色冬奥会意义非凡。

新能源汽车

新能源汽车不仅是一场新产业革命，更是一场新能源革命。

新能源汽车指采用非常规的燃料作为动力来源，或使用常规的车用燃料但采用新型车载动力装置，结合车辆动力控制和驱动技术，形成技术原理先进，具有新技术、新结构的汽车。

在碳中和、环境保护、节能减排、石油危机和全球气候变暖等因素形成的压力和动力之下，新能源汽车的研发和应用已在全球蔚然成风，很多 IT 公司、互联网平台和科技硬件公司都尝试转型升级，还有些公司投资进入新能源汽车领域。

2020 年 11 月，我国颁布《新能源汽车产业发展规划（2021—2035 年）》，并实施发展新能源汽车国家战略，推动中国新能源汽车产业高质量、可持续发展，加快建设汽车强国。

新能源汽车不仅是一场新产业革命，更是一场新能源革命。人类经历了以能源为代表的产业系统变革，每次变革都为社会生产和生活带来巨变，同时成就了先导国和先行先试地区的经济腾飞。

第一次变革发生在 18 世纪 60 年代，以蒸汽机技术诞生为主要标志，煤和蒸汽机使人类社会生产力获得极大提升，开创了人类社会的工业经济和工业文明，从而引发了欧洲工业革命，使欧洲各国成为当时的世界经济强国，也使英国成为全球殖民的“日不落帝国”。

第二次变革发生在 19 世纪 70 年代，石油和内燃机替代了煤和蒸汽机，使世界经济结构由轻工业主导向重工业主导转变，同时也促成了美国的经济腾飞，并把人类带入了基于石油的经济体系与物质繁荣。

第三次变革正在迎面而来，以电力和动力电池，以及燃料电池，替代石油和内燃机，将人类带入清洁能源时代。可以预测，第三次变革将带动以中国为代表的亚洲国家经济腾飞，从而成为世界经济的发动机和新引擎。

到我国向世界承诺的碳达峰的 2030 年，新能源汽车的发展将节约石油 7306 万吨、替代石油 9100 万吨，共 16406 万吨，相当于将汽车石油需求削减 41%。届时，生物燃料、燃料电池在汽车石油替代中将发挥重要的作用。

新能源汽车包括四大类型：混合动力汽车（HEV）、纯电动汽车（BEV，包括太阳能汽车）、燃料电池汽车（FCEV）、其他新能源（如超级电容器、飞轮等高效储能器）汽车。以下对其中几种做简要介绍。

混合动力汽车：指采用传统燃料同时配以电动机 / 发动机来改善低速动力输出和燃油消耗的车型。按照能否外接充电，又可以分为插电式混合动力汽车（PHEV）和非插电式混合动力汽车（MHEV）。

纯电动汽车：主要采用电力驱动的汽车，不排放污染大气的有害气体，即使按所耗电量换算为发电厂的排放，除硫和微粒外，其他污染物也显著减少。由于电厂大多建于远离人口密集的城市，对人类伤害较少，而且电厂是固定不动的集中排放，清除各种有害排放物较容易，目前也出现了相关技术。由于电力可以从多种能源获得，如煤、核能、水力、风力、光、热等，可降低人们对石油资源日见枯竭的担忧和依赖。电动汽车还可以充分利用晚间用电低谷时富余的电力充电，使发电设备日夜都能充分利用。

燃料电池汽车：指以氢气、甲醇等为燃料，通过化学反应产生电流，依靠电机驱动的汽车。电池能量通过氢气和氧气的化学作用产生，而不是经过燃烧产生，不会产生有害产物。

氢动力汽车可以真正实现零排放，因为排放出的是纯净水，是传统汽车最理想的替代方案。

燃气汽车用压缩天然气、液化石油气和液化天然气作为燃料，排放性能好、运行成本低、技术成熟、安全可靠，被世界各国公认为是理想的替代燃料汽车。

乙醇汽车亦称酒精汽车，用乙醇代替石油燃料的历史较长，生产和应用技术都比较成熟。

柴油作为石油炼制产品，在各国燃料结构中占有较高份额，是重要的动力燃料。随着世界车辆柴油化趋势，加之石油资源的日益枯竭，生物柴油近年来以其优越的环保性能受到各国重视。生物柴油（biodiesel）指以油料作物、野生油料植物和工程微藻等水生植物油脂，以及动物油脂、餐饮垃圾油等为原料油，通过酯交换工艺制成的可代替石化柴油的再生性柴油燃料。生物柴油属于生物质能，是生物质利用热裂解等技术得到的一种长链脂肪酸的单烷基酯。

甲醇汽车以甲醇为燃料。甚至可以用水驱动汽车，很多年前就有此科学预言，而这一天正在来临。

低碳建筑

低碳建筑往往与智慧建筑紧密相连。在建筑材料与设备制造、施工建造和建筑物使用的整个生命周期内，减少化石能源的使用，提高能效，降低二氧化碳排放量。

低碳建筑指在建筑材料与设备制造、施工建造和建筑物使用的整个生命周期内，减少化石能源的使用，提高能效，降低二氧化碳排放量。

低碳经济发展进程中，建筑“节能”和“低碳”应属重点领域，因为建筑业在二氧化碳排放总量中几乎占50%，高于运输业和工业。所以，低碳建筑渐渐成为国际建筑界的主流趋势。

“被动节能建筑”已在奥地利和德国等地成为现实。这种行将流行的建筑可以在几乎不利用人工能源的基础上，使室内能源供应达到人类正常生活需要。

我国早在2007年发布的《能源发展“十一五”规划》中就明确提出节能减排目标。近年来，低碳建筑思想也越来越受到重视。

房地产行业是能耗大户，在开发过程中的建筑采暖、空调、通风、照明等方面，能源都参与其中，碳排放量很大。建设绿色低碳住宅项目，实现节能技术创新，建立建筑低碳排放体系，注重建设过程中的每道环节，有效控制和降低建筑的碳排放，并形成可循环持续发展的模式，最终使建筑物节能减排达到相应标准，这是中国房地产业绿色健康发展的必由之路，也是开发商不可推卸的社会责任。

在日本，低碳建筑并不是建筑界的新名词，数十年之前就开始在建筑界流行。低碳是当时大多数建筑师必须考虑的脱颖而出之路。

低碳建筑是绿色建筑理念的前沿体现，最重要是在材料上有突破，包括屋顶技术、屋面技术、涂料技术，都要产生新的突破和革新才能支撑这一理念。比如，建筑的立面是素面朝天的混凝土，节省了一次性瓷砖贴面、花岗岩大理石和粉刷层，避免了开采石材时对大自然造成的人破坏；水泥就地取材、搅拌成混凝土，减少了在运输过程当中对能源造成的浪费；对素混凝土的施工工艺流程进行优化和技术改进后，原本素混凝土的单一结构功能又被辅以装饰效果；大面积地采用玻璃元素，既增加了建筑的室内自然光照，节约能源，又增加建筑本身的通透灵动感，坐观室外绿化景观。

日本和德国都有机构系统研究低碳建筑，但是几乎没有哪家机构把世界上关于低碳建筑的前沿技术和流程进行标准化。更重要的是，低碳建筑往往与智慧建筑紧密相连，与零碳城市、智慧城市等相提并论。

被动式房屋

用很少能耗将室内调节到合适的温度，不需要主动加热亦无须市政供暖，基本依靠被动收集来的热量使房屋本身保持舒适温度。

被动式节能屋（德语：passivhaus），又可译为被动式房屋，是基于被动式设计而建造的节能建筑物。被动式房屋非常环保，可以用非常小的能耗将室内调节到合适的温度。被动式节能屋不需要主动加热，基本依靠被动收集来的热量来使房屋本身保持舒适温度，比如使用太阳、人体、家电及热回收装置等带来的热能，而不需要主动热源的供给。

被动式房屋不仅适用于住宅，还适用于办公楼、学校、超市等。如果将被动式房屋与更多的太阳能发电设备结合，就实现了“零能耗”房屋。

被动式房屋的概念，最早源于瑞典隆德大学的阿达姆森（Adamson）教授和德国被动式房屋研究所沃尔夫冈·菲斯特（Wolfgang Feist）博士在 1988 年 5 月的某次讨论，之后通过一系列的研究和德国黑森州政府的资助，该概念逐步得以确立起来；1990 年，最早一批被动式房屋在德国达姆施塔特建成；1996 年被动式房屋研究所在达姆施塔特成立，致力于推广和规范被动式房屋的标准。此后有越来越多的被动式房屋落成。

19 世纪 70 年代，建筑师和科学家就开始研究零能耗房屋，把能耗降到零是十分苛刻的，尽管从理论的角度来说是可行的，但是早期因为极高的造价和复杂的工艺，导致研究长时间停留在科研项目层面。随着人类社会对节能的需求越来越迫切，被动式房屋以低能耗建筑（供热能源需求用量 <70kWh/m²a）的优越性能，很快普及开来。

2010 年，仅在德国就有 13000 多座被动式房屋投入使用（2012 年全世界有 37000 座），类型包括独栋房屋、公寓、学校、办公楼、游泳馆等。多层建筑更能体现被动式房屋的优势，例如位于奥地利因斯布鲁克的能容纳 354 个住户的“Lodenareal”项目，是世界上最大的被动建筑。

被动式房屋的基本原则就是能效，杰出的保温墙体、创新的门窗技术、高效的建筑通风、电器节能都是高能效的基础。被动式房屋的高能效基于它的建筑理念。

一是因地制宜。被动式房屋的概念适用于世界各地，无论是寒冷地区还是温暖地区，都可建设被动式房屋，而且方式基本类似。但可依据当地气候条件，在房屋的建筑结构与材料的用量方面略有差异：寒冷地区要注重墙体厚度与保温层厚度，炎热地区要注重制冷方法，例如遮阳、窗户通风，以保证在夏天保持舒适的室内环境。世界上每个地区都有独特的建筑传统和本土化的建筑材料，不同地区具有不同的气候条件。中欧地区虽然有很多被动式房屋的建设实践经验，但是其建筑设计特别是保温、窗户、遮阳的节点设计，在不同地区应当进行因地制宜的改良和变革。被动式房屋的普及需要公众消费得起，建造被动式房屋并非高科技与昂贵材料的堆砌，而是需要在建筑过程中充分考虑当地资源和建筑传统，进行成本分析和投入、产出、节能计算。如，慕尼黑的被动式房屋供热值仅仅是斯德哥尔摩的一半。

二是更舒适，更节能。我国长江以南的建筑大都没有供暖设施，虽然节省能源，但人们的起居环境少了温暖舒适，被动式房屋在这些区域就有了用武之地。

从外表看，被动式房屋和一般建筑区别甚微，所以被动式房屋只是一个标准，并不是具体的工艺方法，保温窗、隔热外围护、热回收装置是被动式房屋的主要组成部分。被动式房屋有以下特点：

一是外围护结构的保温层特别厚。二是使用超级节能窗，不仅能减少热量的损失，还能增加温度和舒适度，即使在寒冷的霜冻天气里，室内侧玻璃也能超过 17℃。被动式房屋对窗的性能要求极高，窗框体采用超级保温复合框体，玻璃采用三玻两腔结构，使其具有超强的保温性能。三是建筑结构无热桥。所谓热桥效应，即热传导的物理效应，由于楼层和墙角处有混凝土圈梁和构造柱，而混凝土材料相比砌墙材料有较好的热传导性，同时由于室内通风不畅，秋末冬初室内外温差较大，冷热空气频繁接触，如果墙体保温层导热不均匀，产生热桥效应，就会造成房屋内墙结露、发霉甚至滴水，而被动式房屋的无热桥建筑结构可避免此种现象发生。四是良好的密封。如果密封不好就会产生冷热气体对流，从而造成热量流失，因为被动式房屋密封天衣无缝，所以可以保证空气变换最优。五是换气系统。主动通风可以提供高质量的空气，同时利用排废气余热对抽进的新风进行加热，而废气和新鲜空气的区隔泾渭分明。

海绵城市

城市像海绵那样：下雨时吸水、蓄水、渗水、净水，需要时将储存的水释放并加以利用，实现雨水在城市中的自由迁移。

海绵城市指城市能够像海绵一样，在适应环境变化和应对雨水带来的自然灾害等方面具有良好的弹性，亦称“水弹性城市”，是城市雨洪管理新概念。国际通用术语为“低影响开发雨水系统构建”，下雨时吸水、蓄水、渗水、净水，需要时将储存的水释放并加以利用，实现雨水在城市中的自由迁移。

海绵城市的核心是从生态系统服务出发，通过跨尺度构建水生态基础设施，结合多类具体技术建设水生态基础设施。海绵城市是推动绿色建筑、低碳城市、智慧城市的社会治理和公共服务领域创新，是现代绿色新技术与社会、环境、人文等多种因素的深度融合。

海绵城市的材料，从实质性应用方面应当体现优秀的渗水、抗压、耐磨、防滑、环保、美观、多彩、舒适、易维护、吸音减噪等特点，从而构建“会呼吸”的城镇景观路面，有效缓解城市热岛效应，让城市路面不再发热或降低发热。

首次提出海绵城市的概念，是在“2012 低碳城市与区域发展科技论坛”，倡导城市能够像海绵，在适应环境变化和应对自然灾害等方面具有良好的“弹性”，下雨时吸水、蓄水、渗水、净水，需要时将储存的水释放并加以利用，以此来提升城市生态系统功能，减少城市洪涝灾害。

海绵城市的原则：在建设过程中应遵循生态优先，将自然途径与人工措施相结合，在确保城市排水防涝安全的前提下，最大限度实现雨水在城市区域的积存、渗透和净化，促进雨水资源的利用和生态环境保护。建设海绵城市是对传统排水系统的“减负”和补充，最大限度发挥城市本身的作用。在海绵城市建设过程中，还应系统性统筹自然降水、地表水和地下水，协调给水、排水等水循环利用各环节，并考虑其复杂性和长期性。

海绵城市的目标是使70%的降雨就地消纳和利用，力争到2030年，80%的城市建成区要达到该标准。

海绵城市的设计理念主要指通过“渗、滞、蓄、净、用、排”等多种技术实现城市良性水文循环，提高对径流雨水的渗透、调蓄、净化、利用和排放能力，维持或恢复城市的海绵功能。传统城市处处是硬化路面，每逢雨季主要依靠管渠、泵站等“灰色”设施来排水，以“快速排除”和“末端集中”控制为主要规划设计理念，往往造成逢雨必涝，旱涝急转。海绵城市建设将强调优先利用植草沟、渗水砖、雨水花园、下沉式绿地等“绿色”措施来组织排水，以“慢排缓释”和“源头分散”控制为主要规划设计理念，既避免了洪涝，又有效收集了雨水。

海绵城市建设的关键在于提高“海绵体”的规模和质量，应最大限度保护原有的河湖、湿地、坑塘、沟渠等“海绵体”不受开发活动的影响。受到破坏的“海绵体”也应通过综合运用物理、生物和生态等手段逐步修复，并维持一定比例的生态空间。有条件的城市还应酌情新建“海绵体”。海绵城市建设要以城市建筑、小区、道路、绿地与广场等为载体。比如让城市屋顶“绿”起来，“绿色”屋顶在滞留雨水的同时还起到节能减排、缓解热岛效应的作用。道路、广场采用透水铺装，使绿地充分“沉下去”。

海绵城市建设的配套设施既包括河、湖、池塘等水系，也包括绿地、花园、可渗透路面这样的城市配套设施“海绵体”。雨水通过这些“海绵体”下渗、滞蓄、净化、回用，最后剩余部分径流通过管网、泵站外排，有效提高城市排水系统的标准，缓减城市内涝的压力。

海绵城市建设应当因地制宜，在科学规划统筹布局之下，采取符合各地特点的措施，真正发挥海绵作用，从而改善城市生态环境，提高民众生活质量。世界上一些发达国家的海绵城市特点值得我们参考学习。

德国：高效集水，平衡生态。得益于发达的地下管网系统、先进的雨水综合利用技术和规划合理的城市绿地建设，德国的海绵城市建设颇有成效。其地下管网的发达程度与排污能力处于世界领先地位。德国城市拥有现代化的排水设施，不仅能够高效排水排污，还能具有平衡城市生态系统的功能。以柏林为例，其地下水道长度总计约 9646 千米，其中一些有近 140 年的历史。分布在柏林市中心的管道多为混合管道系统，可以同时处理污水和雨水，其好处在于可以节省地下空间，不妨碍市内地铁及其他地下管线的运行。郊区主要采用分离管道系统，即污水和雨水分别在不同管道中进行处理，提高了水处理针对性和效率。

瑞士：雨水工程，民众参与。20 世纪末，瑞士开始在全国大力推行“雨水工程”。这是花费小、成效高、实用性强的雨水利用计划。城市中的建筑物都建有从房顶连接地下的雨水管道，雨水经过管道直通地下水道，然后排入江河湖泊。瑞士以一家一户为单位，在原有房屋上动了“小手术”，即在墙上打个小洞，用水管将雨水引入室内的蓄水池，然后再用小水泵将收集到的雨水送往房屋各处。瑞士以“花园之国”著称，风沙不多，冒烟工业罕见，雨水比较干净。各家生活中，靠小水泵将沉淀过滤后的雨水打上来，用以冲洗厕所、擦洗地板、浇花，甚至可用来洗涤衣物、清洗蔬菜水果等。如今，许多建筑物和住宅外部都装有专用雨水流通管道，内部建有蓄水池，雨水经过处理后使用。一般用户除饮用之外的其他生活用水，通过雨水利用系统基本可以解决。瑞士政府还采用税收减免和补助津贴等政策，鼓励民众建设这种节能型房屋，从而使雨水得到循环利用，节省了水资源。在瑞士的城市建设中，最值得学习的基础设施是完善的、遍及全城的城市给排水管道和生活污水处理厂。早在 17 世纪，瑞士就已经出现了结构简单、暴露在道路表面的排水管道，迄今在日内瓦老城仍能看到这些古老的排水道。从 1860 年开始，下水道已经被看作公共系统的重要组成部分，瑞士的城市建设者开始按照当时的需要建造地下排水系统。现今瑞士的地下排水系统主要修建于第二次世界大战后。当时，瑞士开始了大规模的城市化发展，诞生了很多卫星城市。在这一时期，瑞士制定了水使用和水处理法律，并开始落实下水管道系统建设规划。

新加坡：疏导有方、标准严格。新加坡作为雨量充沛的热带岛国，最高年降雨量在近 30 年间呈持续上升趋势，却鲜有城市内涝发生，这要归功于设计科学、分布合理的雨水收集和城市排水系统。首先，预先规划城市排水系统；其次，加强雨水疏导，建立大型蓄水池；最后，制定严格的地面建筑排水标准。

美国：强化设计，加快改建。美国大多数城市秉承传统的水利设施设计理念，在郊外储存雨水，利用水渠送到市区，污水通过地下沟渠排走。这种理念按照西方的说法始于古罗马时代，现在仍然盛行。即使在非常缺水的加利福尼亚州，也是因循这种看似并不适合当地生态的城市水利与用水模式。20 世纪 40 年代，洛杉矶河在没有被改造成泄洪水道之前经常泛滥，淹没沿岸城镇，而在这条河流砌上水泥之后，洪水威胁消失了，人们不再担心雨水泛滥，而是想方设法不让雨水白白流走。

中国碳中和发展力指数

一个具有中国特色和地区特征的长期动态指标体系。

中国碳中和发展力指数，是以指数评价模型为基础，开发构建的一套客观、系统、全面、综合、动态的碳中和评价体系，涵盖经济发展、产业特征、能源结构、技术创新、金融财税、环境质量、生态治理、政策舆情等经济社会转型的各方面指标。

指数，或称统计指数，是分析社会经济现象数量变化的一种重要统计方法。指数产生于18世纪后半叶，当时美洲新大陆开采的金银源源不断地流入欧洲，使欧洲物价骤然上涨，引起了社会的普遍关注。经济学家为了测定物价变动，开始尝试编制物价指数。

指数是一种表明社会经济现象动态的相对数，运用指数可以测定不能直接相加和不能直接对比的社会经济现象的总动态；可以分析社会经济现象总变动中各因素变动的影响程度；可以研究总平均指标变动中各组标志水平和总体结构变动的作用。指数按所反映的现象范围不同，分为个体指数和总指数。前者反映个体经济现象变动的相对数，如个别产品的物量指数、个别商品的价格指数等。后者是表明全部经济现象变动的相对数，如工业总产值指数、居民消费价格总指数。

随着我国“双碳”顶层设计按下“快进键”，全国各地“双碳”工作布局逐步转向实际推进阶段。厘清各地的碳中和实施基础与发展能力，已经成为统筹推进各地碳中和战略进程的重要前提。

相较世界上其他发达经济体，中国实现碳中和的发展方式带有自身的显著特征，要在未来不到40年的时间里完成碳达峰、实现碳中和，既面临着更陡峭的碳排放下降斜率，也肩负着保障经济增长与实现“零碳”发展的双重目标，时间紧、任务重。同时，中国区域经济发展不平衡不充分的矛盾仍较突出。如何衡量中国特色碳中和发展轨迹，厦门大学“碳中和发展力”研究团队将碳中和发展的综合能力作为研究碳减排路径与碳中和轨迹的重要抓手，编制了一套反映中国特色、地区特征的中国碳中和发展力指数。

中国碳中和发展力指数以“五力”驱动模型为基本框架，将地区碳中和发展力结构化分解为成长力、转型力、竞争力、协调力和持续力，并结合地方政府的碳中和政策舆情分析等辅助指标，形成一套“五 +N”的体系。

本章结语

科技创新是加速实现碳中和的秘籍。

气候经济体系的重要支撑和发展源泉是科技创新。碳中和不仅是绿色转型，更是社会整体经济在创新驱动的引擎带动下不断迭代升级的运行模式、思维模式和政策框架，是经济由高速增长阶段转型升级进入高质量发展阶段的一座里程碑。

碳中和的科技创新家族图谱，包括但不限于碳捕获、碳封存、储能技术、削峰填谷、柔性直流输电技术、新能源汽车和低碳建筑、被动式房屋、海绵城市等。

碳中和领域的创新无远弗届，新技术、新材料、新能源等正在不断涌现。

第五章
碳中和生产方式

碳中和的背后是能源竞争和产业变革，其影响极其深远。

清洁能源、绿色电力、低碳产业园区、绿色制造、清洁生产、林下经济、农光互补、渔光互补领域的产业链和生态圈，构成了碳中和背景下的新生产方式。

清洁能源

清洁能源指不排放污染物、能够直接用于生产生活的能源，主要有水能、风能、太阳能、生物能、地热能、海潮能等，清洁能源往往具有可再生性。

清洁能源，即绿色能源，指不排放污染物、能够直接用于生产生活的能源，主要有水能、风能、太阳能、生物能、地热能、海潮能等，清洁能源往往具有可再生性。

清洁能源也可以理解为对能源清洁、高效、系统化应用的技术体系。清洁能源不但强调清洁性，也强调经济性。清洁能源的清洁性指的是符合一定的排放标准。清洁能源与可再生能源的开发与利用日益受到许多国家的重视，尤其是能源短缺的国家。

清洁能源的含义包含两方面的内容：一是消耗后可得到恢复补充，不产生或极少产生污染物，如太阳能、风能，生物能、水能、地热能、氢能等。中国是国际清洁能源的巨头，是世界上最大的太阳能、风能与环境科技公司的发源地。二是在生产及消费过程中尽可能地减少对生态环境的污染，包括使用低污染的化石能源（如天然气等）和利用清洁能源技术处理过的化石能源，如洁净煤、洁净油等。

核能虽然属于清洁能源，但消耗铀燃料，不是可再生能源，投资较高，而且几乎所有的国家包括技术和管理最先进的国家都不能保证核电站的绝对安全。苏联的切尔诺贝利事故、美国的三里岛事故和日本的福岛核电站事故就是明显的例证。

能源就是向自然界提供能量转化的物质，如矿物质能源、核物理能源、大气环流能源、地理性能源。能源是人类活动的物质基础，能源的发展与环境保护是全球共同关心的重要问题。

随着世界各国对能源需求的不断增长和环境保护需求的日益加强，清洁能源的推广应用已成必然趋势。可再生能源是最理想的能源，可以不受能源短缺的影响，但受自然条件的影响，如需要有水力、风力、太阳能资源，最主要的是投资和维护费用高，效率低，导致发出的电成本高。许多科学家在积极寻找提高利用可再生能源效率的方法，相信未来可再生能源将发挥越来越大的作用。

海洋能是指依附在海水中的可再生能源。海洋通过各种物理过程接收、储存和散发能量，这些能量以潮汐、波浪、温度差、盐度梯度、海流等形式存在于海洋之中，如潮汐能、波浪能、海水温差能、盐差能、海流能。

太阳能：将太阳的光能转换成为其他形式的热能、电能、化学能，能源转换过程中不产生其他有害的气体或固体废料，是一种环保、安全、无污染的新型能源。

风能：是一种可再生、无污染而且储量巨大的能源。随着全球气候变暖和能源危机，各国都在加紧对风力的开发和利用，尽量减少二氧化碳等温室气体的排放，保护我们赖以生存的地球。风能的利用主要是以风能作动力和风力发电两种形式，其中又以风力发电为主。以风能作动力，就是利用风来直接带动各种机械装置，如带动水泵提水等风力发动机，优点是投资少、功效高、经济耐用。

氢能：燃烧性能好，点燃快，与空气混合时有广泛的可燃范围，燃点高，燃烧速度快。氢本身无毒，与其他燃料相比，氢燃烧时最清洁，除生成水和少量氮化氢外，不会产生诸如一氧化碳、二氧化碳、碳氢化合物、铅化物和粉尘颗粒等对环境有害的污染物质。少量的氮化氢经过适当处理也不会污染环境，而且燃烧生成的水还可继续制氢，可反复循环利用。所有气体中，氢气的导热性最好，比大多数气体的导热系数高出 10 倍。在能源工业中，氢是极好的传热载体。氢是自然界存在最普遍的元素，据估计它构成了宇宙质量的 75%，除空气中含有氢气外，它主要以化合物的形态储存于水中，而水是地球上最广泛的物质。据推算，如把海水中的氢全部提取出来，它所产生的总热量比地球上所有化石燃料放出的热量还多9000倍。

生物能：是太阳能以化学能形式储存在生物中的一种能量形式。一种以生物质为载体的能量，它直接或间接地来源于植物的光合作用。在各种可再生能源中，生物质是独特的，它是贮存的太阳能，更是一种唯一可再生的碳源，可转化成常规的固态、液态和气态燃料。所有生物质都有一定的能量，而作为能源利用的主要是农林业的副产品及其加工残余物，也包括人畜粪便和有机废弃物。生物质能为人类提供了基本燃料。

地热能：是由地壳抽取的天然热能，这种能量来自地球内部的熔岩，并以热力形式存在，可引致火山爆发及地震的能量。地球内部的温度高达7000℃，而在80~100千米的深度处，温度会降至650℃~1200℃。透过地下水的流动和熔岩涌至离地面1~5千米的地壳，热力得以被转送至较接近地面的地方。高温的熔岩将附近的地下水加热，这些加热了的水最终会渗出地面。运用地热能最简单和最合乎成本效益的方法，即直接取用这些热源，并抽取其能量。地热能是可再生资源。

水能：是一种可再生能源、清洁能源，它是指水体的动能、势能和压力能等能量资源。广义的水能资源包括河流水能、潮汐水能、波浪能、海流能等能量资源，狭义的水能资源指河流的水能资源。水能是常规能源，一次能源。水不仅可以直接被人类利用，它还是能量的载体。太阳能驱动地球上水循环，使之持续进行。地表水的流动是重要的一环，在落差大、流量大的地区，水能资源丰富。随着矿物燃料的日渐减少，水能是非常重要且前景广阔的替代资源。目前，世界上水力发电还处于起步阶段。河流、潮汐、波浪以及涌浪等水运动均可以用来发电。

核能：或称原子能，是通过转化其质量从原子核释放的能量，符合阿尔伯特·爱因斯坦的方程$E=mc^2$，其中E=能量，m=质量，c=光速常量。核能通过三种核反应之一释放：①核裂变，打开原子核的结合力；②核聚变，原子的粒子熔合在一起；③核衰变，自然的、慢得多的裂变形式。核能发电不会产生加重地球温室效应的二氧化碳。核燃料能量密度比起化石燃料高上几百万倍，故核能电厂所使用的燃料体积小，运输与储存都很方便。核能发电的成本中，燃料费用所占的比例较低，不易受到国际经济形势的影响，故发电成本较其他发电方法更稳定。核电厂的反应器内有大量放射性物质，如果在事故中释放到外界环境，会对生态及民众造成伤害，兴建核电厂较易引发政治歧见纷争，可能会面对相当大的政治困扰。

清洁能源在碳达峰与碳中和的实现过程中起着举足轻重的作用。我国日前顺利投产的白鹤滩水电站，是实施“西电东送”的国家重大工程，为当今世界在建规模最大、技术难度最高的水电工程。金沙江上，“白鹤”起舞。2022 年 7 月全部机组投产发电后，白鹤滩水电站将与三峡、葛洲坝以及金沙江乌东德、溪洛渡、向家坝水电站，共同构成世界最大的清洁能源走廊，初步夯实我国实现 2030 碳达峰和 2060 碳中和的底气和基础。

绿色电力

绿色电力主要包括风力发电、光伏发电、地热发电、生物发电、水力水电等。

绿色电力指利用特定的发电设备，如风机、太阳能光伏电池等，将风能、太阳能等可再生的能源转化成电能。主要包括风力发电、光伏发电、地热发电、生物发电、水力水电等。

通过这些方式产生的电力，因其发电过程中不产生或很少产生对环境有害的排放物，如一氧化氮、二氧化氮、温室气体二氧化碳、造成酸雨的二氧化硫等，且不需消耗化石燃料，节省了有限的资源储备。相对于常规的火力发电，即通过燃烧煤、石油、天然气等化石燃料的方式来获得电力，来自可再生能源的电力更有利于环境保护和可持续发展，因此被称为绿色电力。

电力是推动国民经济发展的重要产业，电力绿色发展是建设美丽中国的前提和保障。为支撑未来中国绿色经济体系，实现能源资源优化配置，必须建设以绿色电力为特征的现代电力系统，即以特高压为骨干网架、各级电网相协调、各种电源相配套、电力供应方与电力使用方高度互动的智能化系统。

大多数人可能认为电力是清洁能源，当使用电灯、电视、电冰箱、空调等电器时，也许并未意识到电力对环境造成的污染，实际上，燃煤发电对环境的污染是很大的。常规电力生产使用煤、石油、天然气发电，已经成为我国二氧化碳等温室气体的主要排放源，而且燃煤还会大量排放二氧化硫等有害气体。

因此，当我们使用传统的常规电力时，其实就是间接的污染者，由于对电力的需求才产生了供给，从而间接地对环境造成了污染，同时我们又是污染后果的受害者。

近年来，不同于世界上的其他发达国家，我国化石能源在能源结构中仍然有比较高的占比。高碳的能源结构已构成当前中国能源发展的主要矛盾，给中国能源发展带来了双重压力。工业需要靠电力能源进行生产，如果继续保持高碳能源发展，不仅国内的生态环境会进一步恶化，而且在国际贸易中还有可能带来商品征收碳税的压力。

严峻的能源发展形势之下，建立现代能源体系和推动经济高质量发展势在必行，绿色电力正在成为能源系统的核心。

一、风力发电

风车，貌似蓝天白云下徐徐转动的玩具，其实正在源源不断地产生电力。

风力发电是把风的动能转变成机械能，再把机械能转化为电力动能。风能是清洁无公害的可再生能源，很早就被人们利用，古代利用风车抽水磨面等，近年来利用风力发电。

风力发电的原理是利用风力带动风车叶片旋转，再透过增速机将旋转的速度提升，促使发电机发电。广义而言，风能也是太阳能，所以也可以说风力发电机是一种以太阳为热源，以大气为工作介质的热能利用发电机。风力发电正在世界形成热潮。风力发电在芬兰、丹麦等国家很流行。近年来，新兴市场国家的风电发展迅速，我国也在西部地区大力提倡，在国家政策支持和能源供应紧张的背景下，风电特别是风电设备制造业迅速崛起。

风能取之不尽，用之不竭。那些缺水与燃料且交通不便的沿海岛屿、草原牧区、山区和高原地带，非常适合因地制宜地利用风力进行发电。海上风电亦是陆上风电向海洋的延伸。

我国拥有 960 万平方千米的土地和 1.8 万千米的漫长海岸线，无论对陆上风电还是海上风电而言，都具有非常广阔的发展空间。

二、光伏发电

光伏发电是通过光伏发电系统将太阳能转化为电能的过程，利用光伏电池将太阳所产生的光能转换成电能的清洁能源。

光伏发电系统主要由太阳光伏组件、汇流箱、逆变器、变压器及配电设备构成，同时再加上监控系统、有功无功控制系统、功率预测系统、五防系统及无功补偿装置等辅助系统，从而组成完整的光伏发电系统。其中，电池组件是重要的组成部分，是收集太阳能的基本单位。

独立的发电系统最为简单，控制方式较为简便，常被应用到电网无法覆盖到的山村、野外、海岛等广泛范围。

并网式光伏发电是直接与公共电网相连接，将电能传输至电力系统。从结构看，我国并网式光伏发电以地面大型集中式光伏发电系统为主，特点是装机规模大、建设难度小、开发周期短。

随着行业发展，光伏建筑集成化技术应运而生，即在建筑建设过程中安装太阳能薄膜发电设备，并将薄膜发电连接送至电网，既能为城市园区和楼宇内用户提供电力，又能将余电售至电网。如何提高“发电玻璃”光电转化效率，降低生产成本并兼具安全和美观，是未来光伏建筑集成化技术的重要研究领域。

20 世纪 90 年代后，光伏发电快速发展：1997 年美国提出“百万屋顶”计划。1992 年日本启动了新阳光计划；2003 年日本光伏组件生产占世界 50%，世界前 10 大厂商有 4 家在日本。德国规定的光伏发电上网电价大大推动了光伏市场和产业发展，使德国成为继日本之后世界光伏发电发展最快的国家。近年来，光伏发电在新兴市场国家不断涌现，在亚洲、拉丁美洲不断扩大。2002 年，我国光伏发电行业开始起步。2010 年后，在欧洲光伏产业需求放缓的背景下，我国光伏产业迅速崛起，并成为全球主要动力。

我国太阳能资源非常丰富，开发潜力与应用空间很大，可应用于并网发电、与建材结合、解决边远地区用电困难等。光伏发电与风电等其他清洁能源相比，更适用于分布式，但急需完整高效的光伏发电信息化管理平台进行智能化数字化管理。

三、地热发电

“春寒赐浴华清池，温泉水滑洗凝脂。”唐朝诗人白居易的《长恨歌》形象地呈现了千年之前地热的应用场景和悠久历史。天然温泉、取暖空调、工业烘干、农业温室、水产养殖、温泉疗养保健等都是地热的应用方式。

地热发电是先把地下热能转变为机械能，再将机械能转变为电能的能量转变过程。其实是利用地下热水和蒸汽为动力源的新型发电技术，基本原理与火力发电类似，也是根据能量转换原理，首先把地热能转换为机械能，再把机械能转换为电能。

地热发电至今已有百年历史，新西兰、菲律宾、美国、日本等国都先后投入地热发电的国际潮流，其中美国地热发电的装机容量居世界首位。

地热能是来自地球深处的可再生热能，起源于地球熔融岩浆和放射性物质的衰变。地热能的储量比人们所利用的能量总量还要多。

世界地热资源分布很不平衡，各国地热利用情况亦不同。主要集中在三个地带：第一是环太平洋带，东边是美国西海岸，南边是新西兰，西边有印度尼西亚、菲律宾、日本、中国台湾；第二是大西洋中脊带，大部分在海洋，北端穿过冰岛；第三是地中海到喜马拉雅山，包括意大利和中国西藏。我国低温地热资源多分布在西藏、四川、华北、松辽和苏北，有利于发电的高温地热资源主要分布在云南、西藏、川西和台湾。

地热能开采钻探的成本较高，在技术层面主要聚焦于准确勘测和对蕴藏量预测。地热产业往往与石油和天然气机构成为产业链上下游经济共同体。

四、生物发电

生物发电是生物自身经过特殊的化合作用而产生的电能，人类可以把这种电能进行收集并转化成新的生物能源。

生物质是植物通过光合作用生成的有机物，包括植物、动物排泄物，垃圾及有机废水等，是生物质能的载体，是可储存、可运输的可再生能源。广义生物质能包括所有以生物质为载体的能量，具有可再生性。就能源当量而言，是仅次于煤炭、石油、天然气的第四大能源，在能源系统占有重要地位。在世界能源消耗中，生物质能占 14%，在发展中国家占比达 40% 以上。

对环境效益而言，生物质能可以转化为电能可以帮助人类社会加速实现 CO_2 归零排放，协助解决能源消耗带来的温室效应。发展速生能源作物有利于改善生态环境，不会遗留有害物质或改变自然界的生态平衡，对未来社会的长期发展和人类生存环境有着非常重要的意义。世界上很多国家把生物质能作为重要的未来能源进行重点投入和发展，包括瑞典在内的欧洲国家甚至把生物质能作为替代核能的首选。

我国生物质能资源非常丰富，各类农业废弃物如秸秆等，每年即有相当于 3.08 亿吨标准煤的能源体量，仅薪柴资源量就高达 1.3 亿吨标准煤，资源总量可达 6.5 亿吨标准煤以上。

五、水力发电

水能是取之不尽、用之不竭、可再生的清洁能源。

水力发电是利用河流湖泊等位于高处具有势能的水流至低处，将其中所含势能转换成水轮机之动能，再借水轮机为原动力推动发电机产生电能。水力发电是经济亦是技术，是研究将水能转换为电能的工程建设和生产运行等技术经济问题的科学技术。若使位能转变成机械能再转变成电能，需要兴建水电站。

1882 年，美国威斯康星州建成了世界上最早的水力发电站。

1910年7月，我国第一座水电站——云南省螳螂川上的石龙坝水电站开始建设，1912年正式发电。2010年8月25日，云南省华能小湾水电站四号机组正式投产发电，成为中国水电装机突破2亿千瓦标志性机组，我国水力发电总装机容量由此跃居世界第一位。世界上最大的水力发电机组转轮在三峡坝区加工完成，装船起运金沙江向家坝水电站，三峡坝区已具备加工世界最大的水电机组转轮的能力。金沙江下游的向家坝水电站是世界第四大电站，其安装的机组单机容量达81.2万千瓦，超过三峡成为世界最大的水电机组。位于云南和四川交界的金沙江干流上的白鹤滩水电站，是当今世界在建的规模最大、技术难度最高的水电工程。

水电站的分类繁多，按集中落差的方式分类有堤坝式水电厂、引水式水电厂、混合式水电厂、潮汐水电厂和抽水蓄能水电厂；按径流调节的程度分类，有无调节水电厂和有调节水电厂；按照水源的性质一般称为常规水电站，即利用天然河流、湖泊等水源发电；按水电站利用水头的大小可分为高水头、中水头和低水头；按装机容量的大小可分为大型、中型和小型。

水力发电是水资源综合开发、治理、利用系统的组成部分，在规划时需要从水资源的充分利用和河流的全面规划综合考虑发电、防洪、灌溉、通航、漂木、供水、水产养殖、旅游、环境保护等因素，统筹兼顾，全局考量。水电站需要修筑能集中水流落差和调节流量的建筑物，如大坝、引水管涵等。工程投资大、建设周期长，但水力发电效率高且发电成本低，机组启动快，容易调节。

大型水利工程可带动区域经济发展，其设施还可以控制洪水泛滥，提供灌溉用水，改善河流航运和所在地区交通、电力供应和经济状况，诸如发展旅游业和水产养殖业等。

我国水能资源非常丰富，在重点建设大型骨干水电站的同时，中小型水电站由于建设周期短、见效快，对环境影响小，也正在受到更多关注。

西电东输的水电建设中，新型勘测技术如遥感、遥测、物探以及计算机、计算机辅助设计等将获得发展和普及；应对洪水、泥沙、水库移民、环境保护等妥善处理；自动化、远程化、数字化等将完善推广；远距离、超高压、超导材料等输电技术将加速我国西部水力资源开发，并向东部地区输送电力。

六、核电

轻原子核的融合与重原子核的分裂都能释放能量，分别称为核聚变能和核裂变能，在聚变或者裂变时释放大量热量并按照核能—机械能—电能进行转换，这种电力即可称为核电。

1951 年 12 月，美国实验增殖堆 1 号（EBR–1）首次利用核能发电，距今已有 70 年发展历史。

核电站燃料是一种重金属元素铀，天然铀由三种同位素组成：铀 235 含量 0.71%、铀 238 含量 99.28%、铀 234 含量 0.0058%，其中的铀 235 是自然界存在的、易于发生裂变的唯一核素。当一个中子轰击铀 235 原子核时，该原子核能分裂成两个较轻的原子核，同时产生 2 到 3 个中子和射线并放出能量。如果新产生的中子又打中另一个铀 235 原子核，就能引起新的裂变，能量在这种链式反应中源源不断地释放出来。1 千克铀 235 全部裂变放出的能量相当于 2700 吨标准煤燃烧放出的能量。

核电站是利用原子核内部蕴藏的能量产生电能的新型发电站。核电站与核电厂的关键设计是反应堆，链式裂变反应就在其中进行，只需消耗很少核燃料，就可产生大量电能。每千瓦时电能的成本比火电站要低 20% 以上。

世界上已有 30 多个国家和地区建有核电站，但是有研究人员指出，核电大量存在的后果是地球威胁。发展核电站是把双刃剑，核废料、热污染、核事故，都是核电长足发展和规模扩张的难题、悖论和隐忧。在核设施内发生了意外情况，造成放射性物质外泄，致使工作人员和公众受超过或相当于规定限值的照射，则称为核事故。国际上把核设施内发生的有安全意义的事件分为 7 个等级。4~7 级称为“事故”。5 级以上的事故需要实施场外应急计划，这种事故在世界上共发生过四次，即苏联切尔诺贝利事故、英国温茨凯尔事故、美国三里岛事故和日本福岛核电站事故。

七、余热发电

余热发电指利用生产过程中多余的热能转换为电能的技术。

余热发电不仅节能，还有利于环境保护。余热发电的重要设备是余热锅炉，它利用废气、废液等工质中的热或可燃质作热源，生产蒸汽用于发电。由于工质温度不高，故锅炉体积大，耗用金属多。用于发电的余热主要有高温烟气余热、化学反应余热、废气与废液余热、低温余热等（低于 200℃）。

工业领域的余热优先供生产自用。当余热有较多剩余，直接利用虽然利用率较高，但往往具有局限性，如暖通空调用或动力用等，往往局限于空调用量较小、季节变化较大、动力用要求负荷相对稳定的特点，因此剩余的余热更多采用余热发电技术对能源进行回收利用。

余热是在一定经济技术条件下，在能源利用设备中没有被充分利用的能源，即多余或废弃的能源，包括高温废气余热、冷却介质余热、废气废水余热、高温产品和炉渣余热、化学反应余热、可燃废气废液和废料余热以及高压流体余压七种。余热的回收利用途径很多：第一是综合利用最好；第二是直接利用；第三是间接利用，如生产蒸汽用于发电。

据调查，各行业的余热总资源占其燃料消耗总量的 17%~67%，可回收利用的余热资源约为余热总资源的 60%。钢铁行业加热炉高温烟气回收发电技术当年可收回全部成本，热量利用率提高 5%~10%。我国钢铁工业中的钢铁厂焦炉、炼钢厂中的转炉炼钢厂中的电熔炉，其烟气发电系统可配置发电量为 3000 千瓦和 5000 千瓦的电站有百座左右。

八、潮汐发电

潮涨潮落，周而复始，取之不尽，用之不竭。

潮汐发电属于水力发电，指在海湾建筑堤坝、闸门和厂房以便围成水库，水位与外海潮位之间形成潮差，从而驱动水轮发电机组发电。

潮汐为人类航海、捕捞和晒盐提供了方便，也成为源源不断的新能源。海水和江水每天有两次涨落，早为潮，晚为汐。涨潮时，海水汹涌，水位升高，动能转化为势能；落潮时，水位下降，势能又转化为动能。海水在运动时产生的动能和势能统称为潮汐能。

近年来，潮汐发电技术日趋成熟并进入实用阶段，出现多种将潮汐能转变为机械能的机械设备，如螺旋桨式水轮机、轴流式水轮机、开敞环流式水轮机等。日本甚至利用人造卫星提供潮流信息资料。潮汐发电选址需要具备两个基础物理条件：潮汐幅度要大，至少要有几米高度；海岸地形能储蓄大量海水，并可进行土建工程建设。

从全球范围来看，欧洲各国拥有漫长海岸线，因而有大量、稳定、廉价的潮汐资源，在开发利用潮汐能方面走在世界前列。法国、英国、加拿大等在潮汐发电的研究与开发领域保持领先优势。

我国潮汐能的开发始于20世纪50年代，经过多年的研究和试点，不仅在技术上日趋成熟而且在降低成本和提高经济效益方面也取得了较大进展，已经建成一批性能良好、效益显著的潮汐电站。

潮汐电力是相对稳定的能源，很少受气候水文等自然因素影响，不存在丰枯水年和丰枯水期的影响，全年发电量稳定。电站建设不需淹没农田，不存在人口迁移，不需筑高水坝，不会对下游城市和农田等造成严重灾害。拦海大坝促淤围垦海涂地，水产养殖、水利、海洋化工、交通运输综合利用，这对于农田珍稀的沿海地区来说是良好的土地资源补充和经济能源方案。

我国拥有18000多千米的大陆海岸线，加上5000多个岛屿的14000多千米海岸线，共有32000多千米的海岸线，其中蕴藏着丰富的潮汐能资源。

低碳产业园区

碳中和领域急需产业集群。

低碳产业园区是由政府集中统一规划的产业区域：以人为本，统筹兼顾碳排放与可持续发展；积极采用清洁生产技术；大力提高原材料和能源消耗使用率；尽可能地把对环境污染物的排放消除在生产过程之中；合理地规划、设计和管理区域内的景观和生态系统；以形成低碳产业集群为最终发展目标。

低碳产业园区应该具备四个方面的主要特点：一是在产业发展方面，应促进不同产业之间物质和能源的低碳循环；二是在产业园区内部生产环节中注重清洁生产，构建低能耗的能源体系；三是低碳产业园区规划建设中，土地集约利用，产业功能结构合理，生态环境良好，建立产业园区内的固碳生态环境体系；四是完善健全工业园区低碳运行政策、低碳规划建设和管理体系。

低碳产业园区具有以下特征：一是具有完善的温室气体管理体系，能够实现碳排放强度持续下降，其碳排放强度或碳排放强度下降幅度处于地区领先水平；二是具备高效、高附加值产业组合，大力延伸发展生产配套服务业，逐步形成多功能混合使用布局，实现园区社区协调发展模式；三是能达到土地、资源和能源的高效利用。

低碳园区必须满足一定的前置条件：园区符合国家产业发展政策；按照国家和地方法律法规要求进行建设和管理，近年内无重大环保安全责任事故；承诺二氧化碳强度下降幅度不低于地方规定的各项指标。

低碳产业园区是发达国家为应对全球气候变化而提出的产业园区发展新模式，强调以较少的温室气体排放获得较大的经济产出。丹麦、德国等国家已经开发建设了成熟的低碳工业园区。我国国内低碳产业园区的试点城市已经做了有益尝试，在产业结构调整、低碳产业集聚、可再生能源利用等方面已经积累了丰富的经验，但尚未如发达国家那样形成规模化的阵容和体系。

绿色制造

低开采、高利用、低排放，减量化、再利用、资源化。

绿色制造是综合考虑环境影响和资源效益的现代化制造模式，也称为环境意识制造（environmentally conscious manufacturing）或面向环境的制造（manufacturing for environment）等。

绿色制造的目标是使产品从设计、制造、包装、运输、使用到报废处理的整个产品全寿命周期中，对环境的影响或负作用降到最小，资源利用率最高，并使企业经济效益和社会效益协调优化。

绿色制造模式是闭环系统和低熵的生产制造模式，在产品整个生命周期内都以系统集成的观点考虑产品环境属性，使产品在满足环境目标要求的同时，保证应有的基本性能、使用寿命、质量等，从设计、制造、使用、报废、回收等整个寿命周期对环境影响最小，资源利用率达到最高。

绿色制造改变传统制造模式，推行绿色制造技术，发展绿色生产材料、绿色能源和绿色设计数据库、知识库等基础技术，生产出保护环境、提高资源效率的绿色产品，如绿色汽车、绿色冰箱、绿色空调等，并用法律和法规规范企业行为。

绿色制造呈现出全球化和社会化特征。

近年来，绿色产品随着全球化而全球化，许多国家要求进口产品具有“绿色标志”，甚至设置“绿色贸易壁垒”，绿色制造势在必行。全球化方面，绿色制造的研究和应用将愈来愈体现全球化的特征和趋势。其全球化特征体现在许多方面。ISO 系列标准不断升级，为绿色制造的全球化研究和应用奠定了基础并不断完善。

社会化方面，绿色制造社会支撑系统需要全社会共同参与，从而形成体系，包括但不限于所涉及的法律、行政规定、经济政策、市场机制，以及绿色制造所需要建立的企业、产品、用户三者之间新型的集成关系。

绿色制造未来的发展趋势如下。

集成化：将更加注重系统技术和集成技术的研究。绿色制造涉及产品生命周期全过程和生产经营各方面，绿色制造集成功能目标体系、产品和工艺设计与材料选择系统的集成、用户需求与产品使用的集成、绿色制造的问题领域集成、绿色制造系统中的信息集成、绿色制造的过程集成等技术的研究，将成为绿色制造的重要研究内容。

并行化：绿色并行工程将成为绿色产品开发的有效模式。绿色并行工程又称为绿色并行设计，是现代绿色产品设计和开发的新模式，是以集成的、并行的方式设计产品及其生命周期全过程的系统方法，从产品开发时就考虑到产品整个生命周期，以及从概念形成到产品报废处理的所有因素，包括但不限于质量、成本、进度计划、用户要求、环境影响、资源消耗状况等。

智能化：人工智能和智能制造技术将在绿色制造研究中发挥重要作用。绿色并行工程涉及一系列关键技术，包括绿色并行工程的协同组织模式、协同支撑平台、绿色设计的数据库和知识库、设计过程的评价技术和方法、绿色并行设计的决策支持系统等。基于知识系统、模糊系统和神经网络等的人工智能技术将在绿色制造研究开发中起到重要作用。

产业化：绿色制造的实施将导致一批新兴产业的形成，如绿色产品制造业与实施绿色制造的软件产业等。绿色制造的产业化需要绿色制造技术支撑。绿色制造技术指在保证产品的功能、质量、成本的前提下，综合考虑环境影响和资源效率的现代制造模式。它使产品从设计、制造、使用到报废，整个产品生命周期中不产生环境污染或环境污染最小化，符合环境保护要求，对生态环境无害或危害极少，节约资源和能源，使资源利用率最高，能源消耗最低。纳米技术、敏捷制造、干式加工、热加工工艺模拟技术等都是绿色制造技术的代表。

绿色制造在技术上关注绿色设计、工艺规划、环保选材、产品包装、回收处理。绿色制造强调绿色管理，采用模块化、标准化零部件，注重噪声动态测试、分析和控制。国际环保标准 ISO14000 成为衡量产品绿色化的重要尺度。

碳中和背景下，企业建立科学的绿色管理体系势在必行。

清洁生产

既可满足人们的需要又可合理使用自然资源和能源，并保护环境的实用生产方法和措施。

清洁生产指将综合预防的环境保护策略持续应用于生产过程和产品，以期减少对人类和环境的风险。本质上是对生产过程与产品采取整体预防的环境策略，减少或消除对人类及环境的可能危害，同时充分满足人类需要，使社会经济效益最大化的生产模式。

清洁生产在不同发展阶段或不同国家有不同的称谓，如“废物减量化”“无废工艺”“污染预防”等，但基本内涵相同，即对生产过程、产品和服务采取预防和减少污染的策略。

联合国环境规划署工业与环境规划中心综合各种说法，采用“清洁生产”术语来表征从原料、生产工艺到产品使用全过程的广义污染防治途径，给出定义：清洁生产是一种新的创造性思想，将整体预防的环境战略持续应用于生产过程、产品和服务中，以增加生态效率和减少人类及环境的风险。对生产过程，要求节约原材料与能源，淘汰有毒原材料，减少废弃物数量与毒性；对产品，要求降低从原材料提炼到产品最终处置的全生命周期的不利影响；对服务，要求将环境因素纳入设计与所提供的服务之中。

《中国21世纪议程》定义的清洁生产指既可满足人们的需要又可合理使用自然资源和能源，并保护环境的实用生产方法和措施。其实质是一种物料和能耗最少的人类生产活动的规划和管理，将废物减量化、资源化和无害化，或消灭于生产过程之中。对人体和环境无害的绿色产品的生产亦将随着可持续发展进程的深入，日益成为今后产品生产的主导方向。

清洁生产定义包含两个全过程控制：生产全过程和产品整个生命周期全过程。生产过程要节约原材料与能源，尽可能地不用有毒原材料并减少数量和毒性。产品整个生命周期全过程则是从原材料获取到产品最终处置过程中，尽可能地将对环境的影响降到最低。

清洁生产是实施可持续发展的重要手段，本质是对生产过程与产品采取整体预防的环境策略，减少或者消除对人类及环境的可能危害，同时充分满足人类需要，使社会经济效益最大化的生产模式。具体措施包括：不断改进设计；使用清洁的能源和原料；采用先进的工艺技术与设备；改善管理；综合利用；从源头削减污染，提高资源利用效率；减少或者避免生产、服务和产品使用过程中污染物的产生和排放。

清洁生产起源于 1960 年美国化学行业的污染预防审计。20 世纪 60 年代至 70 年代初，发达国家由于经济快速发展而忽视了对工业污染的防治，致使环境污染问题日益严重，公害事件不断发生。清洁生产概念的提出最早可追溯到 1976 年，欧共体在巴黎举行“无废工艺和无废生产国际研讨会”，提出“消除造成污染的根源”思想。1979 年 4 月，欧共体理事会宣布推行清洁生产政策。1984 年、1985 年、1987 年，欧共体环境事务委员会三次拨款，支持建立清洁生产示范工程。

1989 年，联合国开始在全球范围内推行清洁生产。当年 5 月，联合国环境署工业与环境规划活动中心制定了清洁生产计划并在全球推广。1992 年 6 月，在巴西里约热内卢召开的联合国环境与发展大会通过了《21 世纪议程》，号召工业提高能效，开展清洁技术，更新替代对环境有害的产品和原料，推动实现工业可持续发展。中国政府亦积极响应，并于 1994 年提出《中国 21 世纪议程》，将清洁生产列为《重点项目》。

联合国环境署 1998 年 10 月在第五次国际清洁生产高级研讨会上出台了《国际清洁生产宣言》。经济合作与发展组织（OECD）于 20 世纪 90 年代初在许多国家采取不同措施，鼓励采用清洁生产技术。1995 年以来，OECD 国家的政府的环境战略开始针对产品而不是工艺，以此为出发点，引进生命周期分析。

美国、澳大利亚、荷兰、丹麦等发达国家在清洁生产立法、组织机构建设、科学研究、信息交换、示范项目和推广等领域已取得明显成果。

清洁生产谋求达到两个目标：一是资源综合利用，短缺资源代用，二次能源利用，以及节能、降耗、节水，合理利用自然资源，减缓资源耗竭；二是减少废物和污染物排放，促进工业产品生产、消耗过程与环境相融，降低工业活动对人类和环境的风险。

清洁生产主要采用以预防为主的环境战略和集约型的增长方式、体现了环境效益与经济效益的统一。

林下经济

林下经济指以林地资源和森林生态环境为依托发展起来的林下种植业、养殖业、采集业和森林旅游业。

林下经济主要指以林地资源和森林生态环境为依托发展起来的林下种植业、养殖业、采集业和森林旅游业，既包括林下产业，也包括林中产业，还包括林上产业。

林下经济也是充分利用林下土地资源和林荫优势，从事林下种植、养殖等立体复合生产经营，从而使农林牧各业实现资源共享、优势互补、循环相生、协调发展的生态农业模式。林下经济是庞大的系统工程，具体产业范围包括但不限于林草、林药、林牧、林禽等，形式多样，内容复杂，行业范围非常广阔。

林下经济具有投入少、见效快、易操作、潜力大的特点。发展林下经济，对缩短林业经济周期、增加林业附加值、促进林业可持续发展、开辟农民增收渠道、发展循环经济、巩固生态建设成果等都具有重要意义。发展林下经济可以让大地增绿、农民增收、企业增效、财政增源。

十年树木，相对较长的生长周期是林业生产的基本特征。相对漫长的林木生产周期对林业发展以及对林改后农民发家致富是个重要的制约因素。林地成为“绿色银行”，才能更好地促进林业生态建设及产业发展，才能更好地以良好的经济效益巩固林业改革成果，在兴林中富民，在富民中兴林。

我国土地面积辽阔，自然条件迥异，资源禀赋不同，林产品市场需求也千变万化，发展林下经济必须因地制宜，科学规划。要结合实际，突出特色，科学确定发展林下经济的种类与规模，允许发展模式多样化。要坚持生态优先，科学利用并严格保护森林资源，确保产业发展与生态建设良性互动，绝不能因发展经济而牺牲生态。具体模式与思路如下。

一是林禽模式。在速生林下种植牧草或保留自然生长的杂草，在周边地区围栏，养殖柴鸡、鹅等家禽。树木为家禽遮阴，是家禽的天然氧吧，通风降温，便于防疫，十分有利于家禽的生长。而放牧的家禽吃草吃虫、不啃树皮，粪便肥林地，与林木形成良性生物循环链。在林地建立禽舍省时、省料、省遮阳网，投资少；远离村庄没有污染，环境好；禽粪给树施肥营养多；林地生产的禽类产品市场好、价格高，属于绿色无公害禽类产品。

二是林畜模式。林地养畜有两种模式：一种是放牧，即林间种植牧草，可发展奶牛、肉用羊、肉兔等养殖业，速生杨树的叶子、种植的牧草及树下可食用的杂草，都可用来喂牛、羊、兔等。林地养殖解决了农区养羊、养牛的无运动场的矛盾，有利于家畜的生长、繁育，同时为畜群提供了优越的生活环境，有利于防疫。另一种是舍饲饲养家畜，如林地养殖肉猪，由于林地有树冠遮阴，夏季温度比外界气温平均低2℃~3℃，比普通封闭畜舍平均低4℃~8℃，更适宜家畜的生长。

三是林菜模式。林木与蔬菜间作种植，是一种经济效益较高的模式。林下可种植菠菜、辣椒、甘蓝、洋葱、大蒜等。

四是林草模式。该模式特点是在退耕还林的速生林下种植牧草或保留自然生长的杂草，树木的生长对牧草的影响不大，牧草收割后可喂畜禽。

五是林菌模式。在速生林下间作种植食用菌，是解决大面积闲置林下土地最有效的手段。食用菌生性喜阴，林地内通风、凉爽，为食用菌生长提供了适宜的环境条件，可降低生产成本，简化栽培程序，提高产量，为食用菌产业的发展提供了广阔的生产空间。而食用菌采摘后的废料又是树木生长的有机肥料，一举两得。

六是林药模式。林间空地适合种金银花、白芍、板蓝根等药材，对这些药材实行半野化栽培，管理起来相对简单。

七是林油模式。林下种植大豆、花生等油料作物。油料作物属于浅根作物，不与林木争肥争水，覆盖地表可防止水土流失、改良土壤，秸秆还田又可增加土壤有机质含量。

八是林粮模式。该模式适用于1～2年树龄的速生林，此时树木小、遮光少，对农作物的影响小，林下可种棉花、小麦、绿豆、大豆、甘薯等农作物。

在“双碳”目标下，林下经济作为生态发展的重要模式，在减缓和阻止全球气候变暖的过程中仍将发挥重要作用。

农光互补

既具有发电能力，又能为农作物、食用菌及畜牧养殖提供适宜的生长环境，以此创造更好的经济效益和社会效益。

农光互补也称光伏农业，利用太阳能光伏发电无污染、零排放的特点，与高科技大棚（包括农业种植大棚和养殖大棚）有机结合，在大棚的部分或全部向阳面上铺设光伏太阳能发电装置，既具有发电能力，又能为农作物、食用菌及畜牧养殖提供适宜的生长环境，以此创造更好的经济效益和社会效益。农光互补主要有光伏农业种植大棚、光伏养殖大棚等几种模式。

碳中和背景下，全世界都把目光投向了可再生能源，希望可再生能源能够改变人类的能源结构，维持地球的可持续发展，而太阳能是最佳能源之一。

光伏是将太阳光辐射能直接转换为电能的新型发电系统。光伏大棚棚顶由太阳能电池组件和薄膜组成。太阳能电池组件将太阳能转化为电能，产生的直流电会储存到汇流箱中，再通过电缆传输到并网逆变器，转换成交流电升压之后，并入国家电网成为生活用电。光伏发电板在发电过程中不消耗任何能源、不排放有害气体，有效利用大棚棚顶，无须额外占用土地资源，将农业生产和发电两者巧妙地结合起来，既能满足农业生产需要，又可以实现光电转换，创造全新的农业生产经营模式。

农光互补项目，可以让农业生产与发电相得益彰。

一是农作物生长需要的光与光伏发电需要的光不同，光伏日光温室能够实现发电种植两不误。由于太阳能电池组件会造成一定的遮光，每个大棚可根据不同农作物对光的需求，采用不同的装机容量设计来满足植物对光的不同需求。如苦瓜的生长过程对透光度要求不高，可使用晶硅太阳能电池组件，多安装电池组件以提高装机容量多发电。光照要求高的五彩椒、番茄等茄果类蔬菜，则要覆盖透光性好的改良太阳能电池组件，降低装机容量，增强透光性。太阳能电池组件还能阻隔部分紫外线，反射昆虫繁殖需要的蓝紫光，可有效减少蔬菜病虫害，减少农药使用量，提高蔬菜品质和产量。光伏农业是利用高新科技打造绿色生态农业的新模式。夏季受高温影响，大部分保护地蔬菜在6—9月无法正常成长。传统大棚夏季棚内温度达50℃以上，大部分蔬菜无法成活，只能种植两茬儿。光伏大棚的优势在此便可充分体现：由于棚顶的光伏发电板降低了紫外线对作物的影响，光伏大棚的蔬菜品质和产量优于传统大棚。光伏蔬菜大棚在冬季能防止棚内热量向外辐射，减缓夜间温度下降，达到保温的效果，免去了草帘覆盖这些工序，节省了人力和物力。同样，合理的遮光也为养殖业提供了良好的生长环境。

二是提高土地利用率，降低光伏产业成本。传统方式建设光伏电站，一般为工业用地，成本高且不符合政府合理利用资源的方针。而利用农业大棚顶部建设光伏电站，不额外占用土地资源，还可以提高土地利用率，符合国家倡导的绿色环保农业趋势。

三是为当地经济创收，为农民创造收益，解决区域内就业问题。农光互补项目符合国家产业政策与导向，同时还可以解决区域内就业问题，增加当地农民收益。光伏大棚初期建设要大规模向农民流转土地，农民除了获得流转土地的租金，还可以获得公司为其提供的工作岗位，不用远行打工，在家门口就可以有较好的收入。大棚顶部的电池板可以抵抗10级大风，经受暴雨、冰雹等恶劣气候考验，经久耐用，省去了每年更换薄膜的麻烦，降低了劳动强度。光伏大棚使用寿命达30年，可省去每年换棚膜的大笔费用。光伏大棚的发电量可并入国家电网出售，使传统大棚的产量和效益大幅提高。光伏大棚恒温效果好，尤其是夏季，在光伏板遮阴的情况下，可以比普通大棚多种一茬儿，有效提高蔬菜的质量和产量，保证蔬菜的四季生产和周年供应，收益比普通大棚翻番。

四是可以增加地方税收收入，打造生态农业闭环。光伏电站对地方经济的发展作出了贡献。泛着蓝光的太阳能发电装置蔚为壮观，成为新的观光景点，域内可种植高档花卉苗木、打造生态餐厅或养鱼种植水生植物等，可与周边生态旅游圈形成新的生态旅游线。光伏养殖大棚可以进行生态养殖，不仅能获得同样的生态养殖收益，每年还能增加发电收入，真正实现了循环生态养殖和发电双赢，为新型循环生态养殖和太阳能发电相结合提供了示范参考。

近年来，我国探索光伏应用领域的步伐不断加速，而农光互补的光伏农业则是我国在光伏应用领域的新突破，具有广阔的发展前景。从我国光伏应用市场的发展脉络来看，农光互补已经从早期西部地面电站开发，延伸到东南部经济发达地区对分布式光伏电站的推广。

农光互补引领了低碳环保绿色能源潮流，代表了乡村振兴和未来新农业发展方向，既可以孕育绿色农业又可以收获清洁能源，大大提高了土地利用率，并实现了企业、农民和当地政府的一举多赢。

渔光互补

“上可发电、下可养鱼”的光伏发电新模式。

渔光互补指渔业与光伏相结合，在鱼塘水面上方架设光伏板阵列，光伏板下方水域可以进行鱼虾养殖，光伏还可以为鱼塘提供遮挡作用，形成“上可发电、下可养鱼”的光伏发电新模式。

“双碳”目标下，光伏发电呈现出前所未有的发展空间。人们对传统光伏电站的想象是在茫茫戈壁滩上排列整齐的光伏板，但是随着光伏需求增加和装机量增长，尤其是华北和华中这些用电负荷中心所在区域的土地资源有限，电站建设逐渐向山地发展。即使如此，光伏电站用地仍然十分紧张。

为解燃眉之急，水上光伏电站逐渐成为热点话题。水上光伏不占用土地资源即可获得更高发电量。水上发电、水下养殖的渔光互补还可得到“1+1 大于 2”的效果，不仅带动当地经济发展，太阳能电池板还可以减少水面蒸发量，抑制藻类繁殖，保护水资源。

我国大陆海岸线长 1.8 万千米，渤海、黄海、东海和南海的近海总面积有 470 多万平方千米，其中可发展水上光伏的海洋面积约为 71 万平方千米，按照 1 ： 1000 的比例覆盖，可安装海上光伏 71GW。

渔光互补好处多，渔民可以依托鱼塘在上方搭建起光伏电站，养鱼收益和光伏发电收益兼具。光伏发电能为鱼塘增氧机、水泵等设备供电，余电可按脱硫电价并网。光伏板为鱼塘遮阳，降低睡眠温度，减少水分蒸发；遮挡阳光照射，减少鱼虾烫晒伤；减少水面藻类等植物光合作用，提高水质。

渔光互补好处多，但发展面临很多壁垒，诸如前期准备工作复杂、电站选址要勘察工程地质情况、明确土地使用权、合理评价地质构造及地震效应，获得规划部门、国土部门、林业部门、文物局、环保部门、水利部门等相关部门许可。同时，地域潮湿条件、基础造价较高，都是需要关注的因素。然而，自然禀赋有优势的区域甚至可以打造“光伏小镇”。

“碳中和”背景下，渔光互补项目正在加快于水域和阳光雨露丰沛之处落地开花的速度。

“两个替代”

“两个替代”是碳达峰和碳中和并驾齐驱的主力，意味着清洁能源中的清洁电力将是社会生产生活中离不开的柴米油盐的“柴”。

能源是推动人类文明发展的重要动力，世界能源发展更是不断变革创新的过程。基于能源的碳排放，受经济发展、产业结构、能源使用、技术水平等诸多因素影响，根源是化石能源的大量开发使用。

目前，我国化石能源占一次能源比重为85%，产生的碳排放约为每年98亿吨，占全社会碳排放总量的近90%。因此，解决碳排放问题的关键是要减少能源碳排放，治本之策是转变能源发展方式，加快推进清洁替代和电能替代（“两个替代”），彻底摆脱化石能源依赖，从源头上消除碳排放。

清洁替代即在能源生产环节以太阳能、风能、水能等清洁能源替代化石能源发电，加快形成以清洁能源为主的能源供应体系，通过清洁和绿色方式满足用能需求。电能替代即在能源消费环节以电代煤、以电代油、以电代气、以电代柴，清洁发电，加快形成以电为中心的能源消费体系，让能源使用更绿色、更高效。

“两个替代”是能源发展方式的重大转变，将在能源消费、能源供给、能源技术和能源体制方面带来巨大变革，成为推动能源可持续发展的重要驱动力。

碳达峰是碳中和的前提，达峰越早、峰值越低，碳中和代价越小、效益越大。实现碳达峰的关键是控制化石能源消费总量。从能源品种看，煤炭和油气消费产生的碳排放分别占能源相关碳排放的79%和

21%。从碳排放增量构成看，近10年油气的碳排放增量占能源碳排放增量的75%。压降煤炭消费总量，抑制油气过快增长，是实现碳达峰的重要前提。同时，需要大力发展清洁能源，满足全社会新增用能需求。推进“两控”，加速“两化”，即控制煤炭消费总量、油气消费增速，加速能源清洁化、高效化发展，主要措施如下。

第一，控制煤电和终端用煤。煤电碳排放占能源排放总量的40%，控煤电是碳达峰的最重要任务，重点要控总量、调布局、转定位。控总量，即确保煤电在2025年前后达峰，峰值11亿千瓦。调布局，即压减东中部低效煤电，新增煤电全部布局到西部和北部地区，让东部地区率先实现碳达峰。转定位，即实施煤电灵活性改造，提升调峰能力，推动煤电由主体电源逐步转变为调节电源，更好地促进清洁能源发展。同时，大力压降散烧煤和工业用煤，将终端用煤控制在10亿吨以内。

第二，控制油气消费增速。在终端用能领域，加快实施电能替代，将有效抑制油气消费过快增长，是实现碳达峰的重要举措。在工业、交通业、建筑业等领域，大力推广电锅炉、电动汽车、港口岸电、电采暖和电炊具等新技术和新设备，积极发展电制氢、电制合成燃料，加快以清洁电能取代油和气，有效控制终端油气消费增长速度。

第三，大力推动能源清洁化发展。重点是加快建设西部与北部太阳能发电、风电基地和西南部水电基地，因地制宜地发展分布式清洁能源和海上风电，补上煤电退出缺口，满足新增用电需求。

第四，大力推动能源高效化发展。推进各领域节能，提高能源使用效率，是降低能源强度、促进碳减排的重要手段。

第五，全面推进能源生产脱碳。加快建成以特高压电网为骨干网架、各级电网协调发展的中国能源互联网和统一高效的全国电力市场，加快太阳能、风能、水能等清洁能源和储能跨越式发展，以光风水储输联合方式实现能源大范围经济高效配置，满足经济社会发展需求。

第六，全面推进能源消费脱碳。深化各领域电能替代，构建以清洁电力为基础的产业体系和生产生活方式，摆脱煤、油、气依赖。工业领域加快钢铁、建材、化工等高耗能行业电气化升级，大幅提高能源利用效率，建立绿色低碳发展的工业体系。

第七，全面推进非能利用领域碳减排，减少在原料生产和加工的过程中造成碳排放，同时大力推进自然碳汇和碳捕集。

“两个替代”意味着清洁能源中的清洁电力将是社会生产生活中离不开的柴米油盐的“柴”。

火力发电的尾声

碳交易本身是资源配置机制，主旨是让传统行业贡献资源扶持低碳行业，所以，大部分火力发电厂会渐渐被这种市场机制淘汰。

火力发电是利用可燃物在燃烧时产生的热能，通过发电动力装置转换成电能的一种发电方式。

火力发电的过程是利用可燃物燃烧时产生的热能来加热水，使水变成高温、高压水蒸气，然后再由水蒸气推动发电机来发电。以可燃物作为燃料的发电厂统称为火电厂，主要设备系统包括：燃料供给系统、给水系统、蒸汽系统、冷却系统、电气系统及其他一些辅助处理设备。火力发电存在三种形式能量转换：燃料化学能→蒸汽热能→机械能→电能。

1875年，巴黎北火车站的火电厂实现了世界上最早的火力发电。随着发电机、汽轮机制造技术的完善，输变电技术的改进，特别是电力系统的出现以及社会电气化对电能的需求，20世纪30年代以后，火力发电进入大发展时期。20世纪80年代后期，日本鹿儿岛火电厂成为世界最大的火电厂。

火电厂经常采用煤炭作为一次能源，所以，火力发电对煤炭有着严重的依赖，我国发电供热用煤占全国煤炭生产总量的一半左右。全国90%左右的二氧化硫排放由煤电产生，80%的二氧化碳排放量由煤电排放。火力发电的煤炭直接燃烧，排放的温室气体不断增长，造成很多地区酸雨量增加，同时对电站附近环境造成粉煤灰污染，对人们的生活及植物的生长造成不良影响。

碳中和背景下，火电业是减碳的主体。我国煤电规模大，机组服役时间短，结构性风险和转型难度远超其他国家。如果继续投资新建煤电产业，未来资产损失将会更大。当环保节能减排成为中国电力工业结构调整的重要方向，火电行业关闭大批能效低、污染重的小火电机组，在很大程度上加快了减排节奏。所谓减排就是从高碳能源（煤炭、煤油、汽油）转向低碳能源（水电、光电、风电、核电）。

碳交易本身是资源配置机制，主旨是让传统行业贡献资源扶持低碳行业，所以，大部分火力发电厂会渐渐被这种市场机制淘汰。

本章结语

以开放的创新思维打开新生产方式新格局。

从清洁能源、绿色电力、低碳产业园区、绿色制造、清洁生产、林下经济、农光互补、渔光互补、“两个替代”到火力发电的尾声，本章内容依次展开了碳中和背景下关于生产方式的新领域、新概念、新图景。

清洁能源往往具有可再生性，能够直接用于生产生活的清洁能源主要包括水能、风能、太阳能、生物能、地热能、海潮能等。绿色电力主要包括风电、太阳能光伏发电、地热发电、生物质能汽化发电、小水电等。低碳产业园区，也可称为“碳中和产业园”，以形成低碳产业集群为目标，可以是由政府集中统一规划的产业区域，也可以是相关产业链和生态圈的产业集群所在地域。园区以人为本，统筹兼顾碳排放与可持续发展，积极采用清洁生产技术，大力提高原材料和能源消耗使用效率，尽可能地把对环境污染物的排放消除在生产过程之中，科学合理地规划、设计和管理区域内的景观和生态系统。

第六章
碳中和生活方式

碳中和是极具挑战的系统工程，涵盖能源、经济、社会、气候、环境等众多领域，涉及政府、企业、公众等多个层面，需要秉持新发展理念，凝聚全社会的智慧和力量，团结协作，共同行动。

碳中和，人人有责，少浪费、少消耗、少排放、少开车。物尽其用，人尽其才，地尽其利。这是人与自然最为和谐美好的样子。

低碳城市

以低碳理念重新塑造城市，形成健康、简约、低碳的生活方式和消费模式，实现城市可持续发展的目标。

低碳城市指以低碳经济为发展模式及方向，市民以低碳生活为理念和行为特征，政府公务管理层以低碳社会为建设标本和蓝图的城市。

具体而言，低碳城市就是以低碳理念重新塑造城市，城市经济、市民生活、政府管理都以低碳理念和行为特征，用低碳的思维、低碳的技术来改造城市的生产和生活，实施绿色交通和建筑，转变居民消费观念，创新低碳技术，从而达到最大限度地减少温室气体的排放的目的，进而实现城市的低碳排放，甚至是零碳排放，形成健康、简约、低碳的生活方式和消费模式，最终实现城市可持续发展的目标。

城市是实现全球减碳和低碳城市化的关键所在。低碳城市已成为世界各地的共同追求，很多国际化大都市都以建设发展低碳城市为荣，更加关注和重视在经济发展过程中的代价最小化，以及人与自然和谐相处、人性的舒缓包容。

城市是现代社会经济的聚集地，国民收入的主体部分是由位于城市的第二产业和第三产业创造的，但是城市的碳排放占整体碳排放的70% ~ 80%。城市作为人类活动的主要场所，其运行过程中消耗了大量的化石能源，制造了全球污染的80%，而且城市所产生的碳足迹比农村大两倍。随着不断加快的城市化进程，城市扩张的速度越来越快，城市环境也因此变得越来越脆弱，频繁发生的气候灾害威胁到了城市居民正常的生产生活。因此，城市发展的低碳化在全球的碳减排中具有重要意义，意味着城市经济发展必须最大限度地减少或停止对碳基燃料的依赖，实现能源利用转型和经济转型。

自2008年年初，国家建设部与世界自然基金会（WWF）在中国大陆以上海和保定为试点联合推出“低碳城市”以后，“低碳城市”迅速“蹿红”，成为中国大陆城市自“花园城市”“人文城市”“魅力城市”“最具竞争力城市”后的热词，并具有长期性。

中国科学院可持续发展战略研究组《2009中国可持续发展战略报告——探索中国特色的低碳道路》将低碳城市的特征概括为：一是经济性，指在城市中发展低碳经济能够产生巨大的经济效益；二是安全性，意味着发展消耗低、污染低的产业，对人类和环境具有安全性；三是系统性，指在发展低碳城市的过程中，需要政府、企业、金融机构、消费者等各部门的参与，是一个完整的体系，缺少任何一个环节都不能很好地运转；四是动态性，意味着低碳城市建设体系是一个动态过程，各个部门分工合作，互相影响，不断推进低碳城市建设的进程；五是区域性，低碳城市建设受到城市地理位置、自然资源等固有属性的影响，具有明显的区域性特征。

2010年7月19日，国家发展改革委发布《关于开展低碳省区和低碳城市试点工作的通知》，确定广东、辽宁、湖北、陕西、云南五省和天津、重庆、深圳、厦门、杭州、南昌、贵阳、保定八市为我国第一批国家低碳试点。第二批国家低碳省区和低碳城市试点范围为：北京市、上海市、海南省和石家庄市、秦皇岛市、晋城市、呼伦贝尔市、吉林市、大兴安岭地区、苏州市、淮安市、镇江市、宁波市、温州市、池州市、南平市、景德镇市、赣州市、青岛市、济源市、武汉市、广州市、桂林市、广元市、遵义市、昆明市、延安市、金昌市、乌鲁木齐市。由此可见，低碳试点已经基本在全国范围全面铺开。

低碳城市的建设包括几个方面：开发低碳能源是建设低碳城市的基本保证，清洁生产是建设低碳城市的关键环节；循环利用是建设低碳城市的有效方法；持续发展是建设低碳城市的根本方向。低碳城市的构成要素包括但不限于新能源利用、清洁技术、绿色规划（产业规划与交通规划）、绿色建筑、绿色消费。

保定市已形成光电、风电、节电、储电、输变电与电力自动化六大产业体系，新能源企业达一百六十余家，“中国电谷”和“太阳能之城”享誉海内外，并成为全球性保护组织 WWF“中国低碳城市发展项目”的首批两个试点城市之一，另一个为上海市。

全球气候大会近年来愈来愈引起国际社会的广泛关注，“低碳城市”“低碳经济”“低碳生活”“低碳交通”“低碳社会”“低碳社区”等概念不断涌现。

低碳城市是社会经济发展从野蛮生长到文明生态的必由之路和必然状态。

低碳社区

不仅将碳排放降到最低，而且通过生态绿化等措施达到零排放目标。

低碳社区是在低碳经济模式下的社区生产方式、生活方式和价值观念的变革。

当代城市土地开发主要体现在社区建设，社区结构是城市结构的细胞，社区结构与密度对城市能源及二氧化碳排放具有举足轻重的影响。在并非重工业密集的城市地区，二氧化碳排放的压力主要来源于人口，社区是承载人口最重要的基本单元。因此，低碳社区成为建设低碳城市的重要抓手。

放眼全球，低碳社区建设的先进经验首推英国贝丁顿零碳社区。采用"一个地球生活"社区模式的英国贝丁顿社区，是首个世界自然基金会和英国生态区域发展集团倡导建设的"零能耗"社区，有人类"未来之家"之称，又被称为"贝丁顿能源发展"计划。该计划在2000—2002年建成，建设过程自始至终贯穿着可持续发展及绿色建筑理念。贝丁顿社区是位于英国伦敦西南萨顿市的一个城市生态居住区，小区有82套联体式住宅和1600平方米的工作场地，曾获得英国皇家建筑师协会"可持续建设最佳范例"奖，并被英国皇家建筑师协会选择作为2000年伦敦"可居的城市"展览中可持续开发的范例。该小区采用一种零耗能开发（zero energy development）系统，综合运用多种环境策略，减少能源、水和汽车的使用。

贝丁顿社区由Peabody Trust公司承建，环境咨询组织BioRegional和建筑师Bill Dunster合作，目标是在城市中创造一个可持续的生活环境。贝丁顿社区具体做法如下。

第一，建造节能建筑。为了减少建筑能耗，建筑物的楼顶、外墙和楼板都采用300毫米厚的超级绝热外层，窗户选用内充氩气的三层玻璃窗；窗框采用木材以减少热传导。每一户朝南的玻璃阳光房是其重要的温度调节器：冬天，阳光房吸收了大量的太阳热量来提高室内温度，夏天将阳光房打开变成敞开式阳台，有利于散热。建筑采用自然通风系统来最小化通风降能耗。经特殊设计的“风帽”可随风向的改变而转动，以利用风压给建筑内部提供新鲜空气和排出室内的污浊空气，而“风帽”中的热交换模块则利用废气中的热量来预热室外寒冷的新鲜空气。根据实验，最多有70%的通风热损失可以在此热交换过程中挽回。充分利用新能源和可再生能源，社区的综合热电厂采用热电联产系统为社区居民提供生活用电和热水，由一台功率为130千瓦的高效燃木锅炉进行运作，主要以当地的废木料为燃料，既是一种可再生资源，又减小了城市垃圾填埋的压力。同时采用节约水资源的策略，即通过使用节水设备和利用雨水、中水，减少居民1/3的自来水消耗；停车场采用多孔渗水材料，减少地表水流失；社区废水经小规模污水处理系统就地处理，将废水处理变成可循环利用的中水。

第二，采用环保材料。为了减少对环境的破坏，在建筑材料的取得方面特别制定了“当地获取”的政策，以减少交通运输，并选用环保建筑材料，甚至使用了大量回收或是再生的建筑材料。项目完成时，52%的建筑材料在场地56.3平方千米范围内获得，15%的建筑材料为回收或再生材料，95%的结构用钢材都是再生钢材，而且是从其56.3平方千米范围内的拆毁建筑场地回收的。选用木窗框而不是UPVC窗框，减少了大约800吨UPVC在制造过程中的二氧化碳排放量，这相当于整个项目排放量的12.5%。

第三，优化社区结构。贝丁顿社区对建成房产进行了有组织的分配，1/3的房子用于社会公共设施；1/3用于出租，所得收入归中间人即慈善机构或民间团体所有；另外1/3则以传统的售房方式销售。这样的分配使用方式搭建了住宅小区与外界的桥梁，促进了小区居民与当地团体的交流。为了让这些以不同方式入住的居民生活更团结、更和谐，设计师预见性地设置了很多公共场所及设施，如幼儿园、图书馆等，同时创造性地利用“棕地”。不同收入阶层混合居住形成多样性社区，而这种生活与居住空间的适当混合，有助于促进地方经济发展。

第四，倡导绿色交通。采用以减少小汽车交通为目标的绿色交通规划，减少居民出行需要。社区内的办公区为部分居民提供在社区内工作的机会。公寓和商住、办公空间的联合开发，使这些居民可以从家中徒步前往工作场所，减少社区内的交通量。同时，为减少居民驾车外出，物业管理公司也做了多方面的努力，包括为社区内的商店对接当地货源，提供新鲜的环保蔬菜、水果等食品。退台式屋顶每上一层都往里设个退缩位，为下一层公寓营造露台或花园，鼓励居民在自家花园中种植蔬菜和农作物。社区内还设置多种公共场所，如商店、咖啡馆和带有儿童看护设施的保健中心，满足居民多样化的生活需要。社区建有良好的公共交通网络，包括两个通往伦敦的火车站台和社区内部的两条公交线路。开发商还建造了宽敞的自行车库和自行车道。遵循“步行者优先”的政策，人行道上有良好的照明设备，四处都设有婴儿车、轮椅通行的特殊通道。社区为电动车辆设置免费的充电站，其电力来源于所有家庭装配的太阳能光电板（将太阳能转换为电力），太阳能光电板总面积为777 平方米，峰值电量高达 109 千瓦时，可供 40 辆电动车使用。提倡合用或租赁汽车：为满足远途出行需要，社区鼓励居民合乘一辆私家车上班，改变一人一车的浪费现象。当地政府也在公路上划出专门的特快车道，专供载有两人以上的小汽车行驶。同时，社区内设有汽车租赁俱乐部，目的是降低社区的私家车拥有量，让居民习惯在短途出行时使用电动车。

六年多来，贝丁顿社区的实际经验与运行模式取得了很好的成效，验证了该模式社区的高可行性，使用者相当满意，彻底落实了“一个地球生活”十大可持续原则，成为碳平衡值趋近于零的社区。贝丁顿社区证实了可持续生活可以是简单的、负担得起的、具有吸引力的。因为技术层面与可持续观念的成熟，使得可持续生活可以不用再像以前那样高不可攀，生活品质更不会因为环保而被牺牲。

世界范围内另外一个优秀的低碳社区是德国弗莱堡内的沃邦小区。德国弗莱堡市被誉为“绿色之都”和“太阳能之城”，是全球率先实现可持续发展理念的城市之一，世界各地许多城市和社区都视其为楷模。沃邦小区是弗莱堡市一个富有吸引力、适宜于小家庭居住的社区，区内的房屋多由集体建造，并以低耗能、能源自给和利用太阳能等为建房准则，被誉为德国可持续社区的标杆。其经典做法如下。

第一，以太阳为经济要素，发展太阳能专业和应用中心。弗莱堡市年平均日照时数超过 1800 个小时，年平均太阳辐射量为 1117 千瓦 / 平方米，属于德国日照最丰富的城市之一。不论是弗莱堡足球俱乐部的主场巴登诺瓦足球场还是市政厅大楼，或者是学校、教堂和民居，太阳能电池都无处不在。市政府自 1986 年以来就采取自立项目、拨款资助和规划用地等形式，积极扶持太阳能的发展，并从地区能源供应公司做起，推动可再生能源的开发利用，设立太阳能系统研究所、国际太阳能协会（ISES）以及相关企业、供货商和服务部门等，形成弗莱堡市太阳能经济和太阳能研究网络的重要组成部分。

第二，先进的垃圾处理构思。城市近 80% 的用纸为废纸回收加工纸；采取各种物质刺激手段控制垃圾量，包括对使用环保“尿不湿”提供补贴，对集体合用垃圾回收桶的住户降低垃圾处理费用，对居民自做垃圾堆肥进行补助等；建立具有很高环保标准的垃圾处理站，垃圾焚烧过程产生的余热可保证 25000 户人家的供暖；城市 1% 的用电来自利用垃圾发酵产生的能量。

第三，有远见的“学习型规划”和市民参与。“学习型规划”奠定了沃邦社区成功发展的基础，结合民众参与和共同治理的精神，让市区规划能够有最大的弹性，同时也让市民能够参与决策过程。由“沃邦论坛”所策动的广泛民众积极参与各项活动，推动了“沃邦可持续模式”

计划，以合作参与方式、可持续社区理念来实践可持续发展理念。

第四，推行“沃邦可持续模式”计划。“沃邦可持续模式”计划在节能减排、减少交通、社会整合及创造可持续邻里方面都取得了相当成功的经验。沃邦社区是全欧洲被动式能源建筑密度最高的地区：弗莱堡市政府在沃邦社区初期规划时就制定了建筑能源标准，已经有接近150栋达到“极低耗能”标准的被动式能源住宅。沃邦社区有超过65%的住户用电来自区域供电系统，同时大量推广太阳能及社区能源循环系统，更加节省电力，减少了二氧化碳的排放量。沃邦社区的供暖系统使用80%木屑及20%天然气的高效热电联产再生能源装置，通过好的隔热及有效的暖气供应，大约可减少60%的二氧化碳排放；社区内限制私人汽车的使用，大部分住户放弃购买私人汽车，私车统一存放在区内的两个公用车库。建设连接市中心的有轨电车，改造自行车道，使更多的居民放弃使用汽车，改乘公交车或使用自行车。

伦敦、哥本哈根、弗莱堡和库里蒂巴等先进低碳城市创建较早，社区转型的优秀做法为我国低碳经济发展、低碳城市和低碳社区建设提供了宝贵借鉴：

一是大力发展公共交通与自行车、步行系统，打破消费主义，尤其是私人汽车文化的神话，让市民重新关注自我身体的感受能力；二是发挥城市社区在公民社会中的基础性主导作用，政府进行合理规划指导，社区组织以公益项目为依托，发挥宣传、组织、管理等职能，社区居民积极参与各项低碳活动并自觉形成低碳生活的理念，通过三方主体的配合与互动，最终使低碳理念内化于人们的社会生产与日常生活之中；三是低碳规划应因地制宜，避免盲动无序和千篇一律。

近年来，我国很多地方开展了低碳社区创建，包括但不限于上海、北京、广州、深圳、苏州等地，而且积累了丰富的经验。希望低碳社区创建蔚然成风，成为全民节能减排的一致行动。

低碳食物

食品的生产、加工、运输和消费过程中，耗能低、二氧化碳及其他温室气体排放量少的食物。

低碳食物又称低碳食品指在食品的生产、加工、运输和消费过程中，耗能低、二氧化碳及其他温室气体排放量少的食物。反之则称为高碳食物。

低碳食物的衡量主要包括两个方面：一是在食品外包装上的简化，过度包装对资源和能源消耗很大，数十层包装里的食品就是高碳食品，而非低碳食物。二是在生产原料和工艺上的绿色环保，这样的生产流程主要是让消费者吃到放心食品。我国很多农业和林业产品都已经使用溯源码，很多国家和地区亦然，比如曾经在世博园内最佳城市实践区杜塞尔多夫馆内展示的“有身份证的苹果”，产地、生长、运输和存储等产品信息公开透明。

在2030年碳达峰和2060年碳中和的“双碳”目标之下，食品生产企业应自觉履行社会责任，响应国家减排降碳的政策，主动将碳中和目标纳入企业发展战略和经营管理制度中，增加在科研技术和低碳生产技术领域的研发投入，为可能到来的碳贸易壁垒做好充分准备。目前，我国很多国际化的食品生产企业已经自发在产业链中减少碳排放，宣布了碳中和的目标。

国家政策的贯彻实施离不开公众的参与和支持，公民和个人应积极参与，发挥公众的监督作用，为国家碳中和政策的完善建言献策。

消费者的需求和选择偏好对产品市场具有很重要的作用和深远的影响，消费者通过碳标签能直观地对比产品的二氧化碳排放量，在营养健康的基础上选择低碳或零碳产品，提高产品在市场中的竞争力。消费者应当主动选择低碳食物，践行低碳生活方式，降低浪费，关注食物碳足迹。同时，还应树立环境保护意识，减少食物浪费，在饮食中选择碳足迹较小的食品，自觉减少高能耗、高污染、高排放产品的消费等。

德国研究表明，各种农产品的温室气体排放量差异非常大，如果以宝马汽车（车型 118d）行驶里程的排放量来表示，生产 1 千克农产品的温室气体排放量，由少而多，依次为冬小麦、牛乳、猪肉、乳牛肉、奶酪、公牛肉。如果食物中以牛肉、猪肉等肉食居多，则相当于让汽车跑的里程更多，排放的二氧化碳更多，所以肉类是高碳；如果谷物食品居多，如麦面和稻米，则是低碳。但是，这两种食物对人健康的促进和影响显然也不同。

高碳食物中的肉类食物由于蛋白质、脂肪含量较高，过多食用会导致许多疾病，如心血管病、糖尿病、肾病等。由于谷物类食物中不饱和脂肪酸、维生素、纤维素和一些微量元素含量丰富，因而能减少和预防心血管病、糖尿病、肾病、癌症等。

低碳食物不仅有益于节能减排，而且更加有益于人类健康。

光盘行动

一粥一饭，当思来之不易；半丝半缕，恒念物力维艰。

“光盘行动”倡导厉行节约，反对铺张浪费，带动大家珍惜粮食，吃光盘子中的食物，得到从中央到民众的支持，成为新闻热词、网络热词和知名公益品牌。

“光盘行动”由热心公益的人们发起，其宗旨是餐厅不多点、食堂不多打、厨房不多做；倡导人们养成生活中珍惜粮食、厉行节约、反对浪费的习惯，不只是一次行动；不只是在餐厅吃饭要打包，还要按需点菜，在食堂按需打饭，在家按需做饭。

“光盘行动”提醒与告诫人们：饥饿距离我们并不遥远，时至今日，珍惜粮食、节约粮食仍是需要我们遵守的美德。

2020 年 8 月 11 日，习近平主席作出重要指示，强调坚决制止餐饮浪费行为，切实培养节约习惯，在全社会营造浪费可耻、节约为荣的氛围。12 月 4 日，“光盘行动”入选 2020 年度十大流行语。

30 多年前的中国，还存在饥饿和人吃不饱饭的现象，不少偏远山区的居民食物单调、粮食匮乏。现在，即使人们富裕起来，也要拒绝“舌尖上的浪费”。调查显示，中国消费者每年餐饮浪费的食物蛋白和脂肪分别达 800 万吨和 300 万吨，相当于白白倒掉了 2 亿人一年的口粮。综上，社会上曾经广泛存在的铺张浪费的饮食习惯要改正，更需要建章立制，为制止过度公款吃喝构筑“防火墙”。

2012 年的世界粮食日，国家粮食局（现国家粮食和物资储备局）首次向全国粮食干部职工发起倡议，倡导自愿参加 24 小时饥饿体验活动，以更好地警醒世人“丰年不忘灾年，增产不忘节约，消费不能浪费”。虽然不可能让人人重新体验饥饿，但需要找回人们对于粮食的温暖与敬意。

“光盘行动”发起团队并非一个公益组织，成员来自金融、广告、保险等不同行业。他们发出号召——“从我做起，今天不剩饭”，并得到多人响应，志愿者倡议人们在饭店就餐打包剩饭，“光盘”离开，形成人人节约粮食的好风气。

自 2013 年全国开展“光盘行动”以来,“舌尖上的浪费”明显好转。商务部、中央文明办联合发出通知，推动餐饮行业厉行勤俭节约，引导全社会大力倡导绿色生活，反对铺张浪费。2017 年 8 月，各地响应中央号召，掀起新一轮“光盘行动”热潮。2018 年 10 月世界粮食日，光盘打卡应用在清华大学正式发布，参与者用餐后手机拍照打卡，经由人工智能识别是否光盘并给予奖励，以倡导与奖励的方式督促人们养成节约粮食的习惯，让勤俭节约的传统美德在新时代获得新的生机。

2019 年，共青团中央《“美丽中国・青春行动”实施方案（2019—2023 年）》提出：“深化光盘行动，开展光盘打卡等线上网络公益活动。”2020 年 4 月世界地球日，共青团中央联合中华环保基金会和光盘打卡推出“2020 重启从光盘做起”光盘接力挑战赛。4 月 22—28 日，参与者用餐后通过光盘打卡小程序，AI 识别“光盘”，成功“光盘”即可获得“食光认证卡”。高等院校接力，环保公益领域关注与支持，微博话题阅读量超过 1.1 亿次，覆盖高校上千所，活动期间累计光盘打卡次数超过 100 万次。据估算，当次活动减少食物浪费 55 吨，减少碳排放 196 吨。

2021 年 4 月 29 日，十三届全国人大常委会第二十八次会议表决通过《中华人民共和国反食品浪费法》，自公布之日起施行。

低碳出行

降低出行中的能耗和污染的外出行动安排。

出行中，主动采用能降低二氧化碳排放量的交通方式，谓之“低碳出行”。

只要是能降低出行中的能耗和污染的外出行动安排，都可以称为低碳出行，也可以称为文明出行、绿色出行。其真正要义，都是指采取相对环保的出行方式，通过碳减排和碳中和实现环境资源的可持续利用和交通的可持续发展。

低碳生活已成为社会的潮流，每个人和每个组织的环保观念也在逐渐加深。低碳环保的绿色出行成了许多人的生活态度，尤其是共享单车的兴起，不仅让很多年轻人养成外出骑单车的习惯，更让环保和低碳观念在人们心中根深蒂固，推动我国承诺的 2030 年碳达峰和 2060 年碳中和的目标顺利前行。

以低能耗、低污染为基础的绿色出行，倡导在出行中尽量地减少碳足迹与二氧化碳的排放，也是环保的深层次表现。其中，包含了政府与旅行机构推出的相关环保低碳政策与低碳出行线路，个人出行中携带环保行李、住环保旅馆、选择二氧化碳排放较低的交通工具，甚至是自行车与徒步等。

事实上，低碳出行和绿色出行在民间早已悄然盛行。多年前，九寨沟景区就禁止机动车进入，改以电瓶车代替，以减少二氧化碳排放量。九寨沟之所以能够多年来保持着清澈见底的水系，是因为采用诸多环保措施。

产业端，低碳出行的系统性规划是项任重道远的统筹性、社会性工程，这对于旅游业的上中下游产业链和生态圈的可持续发展以及长期健康运营非常重要。对于探索低碳出行的可行性措施而言，要将现有比较粗放的出行发展方式彻底扭转到低碳、环保的发展道路上，需要增补改进的地方还有很多。

政策端，我国颁布实施的《国务院关于加快发展旅游业的意见》就是在碳减排的大背景下，国家为配合低碳经济发展而进行产业结构调整的信号，而旅游业将成为最大的受益行业。和其他行业相比，旅游业很早就有了“无烟工业”的美誉。旅游业作为服务行业，属于国民经济体系中的第三产业，占用社会资源少，参与出售和交易的是环境和文化，这些都与节能减排的目标非常相符。

客户端，作为出行主体的广大出行者践行低碳出行，比产业端的统筹升级相对容易得多。假期远郊旅行时，尝试不开车或者开车时在汽车后备厢中放折叠自行车备用，尽量改骑自行车体验自然风光，身体力行减少碳排放，切实为低碳作出贡献。

骑单车或徒步，这两种以人工为动力的出行，是每个人都能采取的最简约的低碳出行方式。而且越来越多的城市居民开始自觉地把低碳出行作为生活新理念，并选择最简约的低碳出行方式。例如，多乘坐公共交通工具，多尝试拼车方式，多采用步行和骑自行车的游玩方式，在旅途中自带必备的生活物品，住宿下榻时选择不提供一次性用品的酒店。

低碳出行，不仅是一种低碳生活方式，也是我国新时期经济社会可持续发展的重要经济战略。其中包括多个层面正向积极的倡导和引导措施：一是转变现有出行模式，倡导公共交通和混合动力汽车、电动车、自行车等低碳或无碳出行方式，同时也丰富出行生活，增加出行项目；二是扭转奢华浪费之风，强化清洁、方便、舒适的功能性，提升文化的品牌性；三是加强出行智能化发展，提高运行效率，同时及时全面引进节能减排技术，降低碳消耗，最终形成全产业链的循环经济模式。

福兮祸所伏，汽车工业的发展为人类带来了快捷和方便，但同时也产生了巨大的能源消耗、严重的环境污染和越来越快的全球气候变暖。所以，我们出门应尽量选择环保便捷的代步工具，以身作则，减少汽车尾气。

碳中和，人人有责，少浪费、少消耗、少排放、少开车。

无纸化办公

纸质文件减少，工作效率提高。

无纸化办公，不单指不用纸张办公，而是指在无纸化办公环境中进行的新型工作方式。无纸化办公需要硬件、软件与通信网络协同工作才能达成。

简言之，无纸化办公就是不用纸张，而用互联网办公，主要借助的载体工具是计算机、操作系统和办公软件以及相关应用。

在无纸化办公中，硬件是不可或缺的重要元素，计算机、搭载原笔迹手写输入技术的终端，借助这些硬件开展商务办公，用户可完成电子文档签名、批注、修改等关键应用。专业图形设计制作用户不必用笔在纸张上进行草稿绘制，借助原笔迹手写输入终端在计算机上即可完成操作。前台窗口行业则可以通过两者的搭配，便捷高效地完成信息录入等工作流程。

在无纸化办公中，软件也起着关键作用，其能将搭载原笔迹手写输入技术的终端与计算机进行无障碍连接，同时又能针对不同行业用户提供相应的应用界面。

借助网络和软件系统，工作电子文档可以在各部门间自由传阅，进一步修改完善，通过硬件、软件与网络的通力协作，让工作效率大大提升。无纸化办公的优势与裨益多多，列举如下。

易学易用：可将领导在传统纸质文件上的批示、签署信息转换为电子文档，借助软件打开，通过对文件传阅、审批流程的定义，领导便可使用搭载原笔迹手写技术的终端，通过手写，对电子文件进行亲笔圈阅、批注和签名，对所传阅讨论的文件发表意见、相互交流并进行最终定稿及签署。在此过程中，省去打印传真的步骤，避免纸张浪费，不需要学习键盘输入方法，不仅与日常在纸上办公时批阅、签署文档具有同样的效力，而且大大节约了办公时间，提高了工作效率。

网络安全：领导办公可以与工作的各环节紧密结合，动态电子签名认证保证了领导签名内容的不可更改性和来源的真实性。用户可以利用动态电子签名认证实现可靠的身份确认功效，比传统键盘密码更安全、更有效。用动态签名认证来替代传统密码口令验证，可以增加系统中信息的安全性，而且使用更方便、更容易。

高度灵活：具备无纸化办公属性的硬件和软件可以大大减少重复劳动，使各个部门、各个环节的单独处理工作联系起来，也能处理流程上多环节的任务。无纸化办公可以方便地进行各个环节的审核、批复、签字，进行不同环节批复与查询。

窗口行业通过无纸化电子签章的整合，以全数字操作方式，直接在屏幕上完成窗体填写、合约确认及电子手写签名，柜员可以立即将合约等文件以电子形式储存到公司内部做系统归档，有效提升运营商对内业务文件的管理及对外客户服务质量的整体效率。

无纸化办公实行网络化办公，使得纸质文件大量减少，印刷、用纸等办公费用也相应缩减。电子文件的使用及网络互联的开通，节约了发送纸质文件所需的邮资、路费、通信费和人力，不仅提高了办公效率，而且节省了大量相关的办公开支。

传统工作模式下，机关企事业单位的公共耗材存在着“高消费”现象，相较于其他办公成本则更容易被忽视，因为其消费过程是内部掌握的，有的书面材料必不可少，如果信息公开不够充分，在成本审核判断中容易被忽略是否超出了合理限度。然而从现实情况看，公共耗材“瘦身”并不是伪命题，还是有改善的余地。机关事业单位完全能在加强保密性的同时，实现办公模式的转变，既治理“眼皮下的浪费”，又提高办公效率。很多现代化企业早已实现远程办公和“云办公”。

放下包袱，开动机器，轻装上阵，释放活力。随着信息化、数字化、智能化管理水平的提高，政府机关和企事业单位办公提倡采用无纸化的办公方式，既可以节约成本，起到环境保护作用，又可以提高办公效率，利于信息快速传达，规范公文办理流程，起到事半功倍的效果。

本章结语

碳中和，人人有责。

本章以开放简约的方式初步梳理碳中和新生活方式：

低碳城市、低碳社区、低碳食物、光盘行动、低碳出行、无纸化办公……

只有从我做起，开启简约生活，少排放、少浪费、少消耗、少开车等，才能保证社会可持续发展与未来子孙后代的生存环境持续繁荣，功在当代，利在千秋。

第七章
碳中和与生物多样性

万物各得其和以生，各得其养以成。

大自然在实现碳中和方面发挥着关键作用，采取基于自然的解决方案，每年可以减少110亿吨碳排放。

人们容易忽视远期利益，精于算计眼前利益，并且为此奋不顾身，甚至不惜“杀鸡取卵”或者“竭泽而渔”。“双碳”目标之下，我们需要“风物长宜放眼量”。

生物多样性

万物各得其和以生，各得其养以成。

随着人类活动范围不断扩大、强度不断增加，世界遭遇到前所未有的问题，面临人口、资源、环境、粮食和能源等危机，而这些危机的解决大都与生态环境保护和自然资源合理利用息息相关。

20 世纪 80 年代后，人们在开展自然保护的实践中逐渐认识到，自然界各个物种之间、生物与周围环境之间都存在着十分密切的联系。因此，自然保护仅仅着眼于对物种本身进行保护是远远不够的，往往也难以取得理想效果。要拯救珍稀濒危物种，不仅要对所涉及的物种的野生种群进行重点保护，而且还要保护好它们的栖息地，甚至需要对物种所在的整个生态系统进行有效保护。在此背景之下，生物多样性这一概念应运而生。

生物多样性，英文为 biodiversity 或 biological diversity，是描述自然界多样性程度的一个内容广泛的概念。不同的学者有不同的定义，在《保护生物学》一书中，蒋志刚将其定义为：生物多样性是生物及其环境形成的生态复合体以及与此相关的各种生态过程的综合，包括动物、植物、微生物和它们所拥有的基因以及它们与其生存环境形成的复杂的生态系统。生物多样性通常包括遗传多样性、物种多样性和生态系统多样性三部分。

近年来，有些学者还提出了景观多样性（landscape diversity）作为生物多样性的第四个层次。景观多样性指由不同类型的景观要素或生态系统构成的景观，在空间结构、功能机制和时间动态方面的多样性程度。

为了保护生物多样性，要把包含保护对象在内的一定面积的陆地或水体划分出来，进行保护和管理，比如建立自然保护区，实行就地保护。自然保护区是有代表性的自然系统，也是珍稀濒危野生动植物种的天然分布区，包括自然遗迹、陆地、陆地水体、海域等不同类型的生态系统。自然保护区具备科学研究、科普宣传、生态旅游的重要功能。迁地保护是在生物多样性分布的异地，通过建立动物园、植物园、树木园、野生动物园、种子库、基因库、水族馆等不同形式的保护设施，对比较珍贵的物种、具有观赏价值的物种或对其基因实施人工辅助的保护。基因库可以实现保存物种的目标，比如，为了保护作物的栽培种及其会灭绝的野生亲缘种，建立全球性的基因库网。

人类还需要以相关法律制度来保护生物多样性。比如，加强对外来物种引入的评估和审批以实现统一监督管理。建立基金制度，保证国家专门拨款，争取个人、社会和国际组织的捐款和援助，为保护生物多样性实践工作提供经济支持等。

生物多样性具有很高的开发利用价值，在世界各国的经济活动中，生物多样性的开发与利用均占有十分重要的地位。生物多样性是人类社会赖以生存和发展的基础，我们的衣、食、住、行及物质文化生活的许多方面都与维持生物多样性密切相关。生物多样性为我们提供了食物、纤维、木材、药材和多种工业原料；生物多样性在保持土壤肥力、保证水质以及调节气候等方面发挥了重要作用；生物多样性在大气层成分、地球表面温度、地表沉积层氧化还原电位以及 pH 值等方面的调控发挥着重要作用；生物多样性的维持有益于一些珍稀濒危物种的保存，这对于人类后代和科学事业发展都具有重大的战略意义。

中国是地球上生物多样性最丰富的国家之一，在世界上占有十分独特的地位。在北半球国家中，中国是生物多样性最为丰富的国家。

2021 年 10 月 12 日，中华人民共和国主席习近平在《生物多样性公约》第十五次缔约方大会领导人峰会视频讲话中提出：“万物各得其和以生，各得其养以成。”生物多样性使地球充满生机，也是人类生存和发展的基础。保护生物多样性有助于维护地球家园，促进人类可持续发展。

国家公园

人与自然和谐相处的实验场与新课堂。

国家公园指国家为了保护一个或多个典型生态系统的完整性，为生态旅游、科学研究和环境教育提供场所，而划定的需要特殊保护、管理和利用的自然区域。国家公园既不同于严格的自然保护区，也不同于一般的旅游景区。

"国家公园"的概念源自美国，名词译自英文"national park"，据说最早由美国艺术家乔治·卡特林（Geoge Catlin）提出。1832 年，在旅行的路上，他对美国西部大开发对于印第安文明、野生动植物和荒野的影响深表忧虑，情不自禁地写道：它们可以被保护起来，只要政府通过一些保护政策设立一个国家公园，其中有人也有野兽，所有的一切都处于原生状态，体现着自然之美。

设立国家公园的创意不久被全世界许多国家采用，尽管在各个国家的确切含义不尽相同，但基本意思都是指自然保护地的一种形式。

1872 年，美国国会批准设立了美国也是世界最早的国家公园，即黄石国家公园。自从这个世界上第一个国家公园建立以来，国家公园在世界各国迅速发展。目前，全球大部分国家和地区已建立了风情各异、规模不等的国家公园。

世界上各种类型、规模的世界国家公园，一般都具有两个比较明显的特征：一是国家公园自然状况的天然性和原始性，即通常都以天然形成的环境为基础，以天然景观为主要内容，人为的建筑、设施只是为了方便而添置的必要辅助；二是国家公园景观资源的珍稀性和独特性，即天然或原始的景观资源往往为一国所罕见，在国内甚至在世界上都有着不可替代的、重要而特别的影响。

在发展中保护，在保护中发展。国家公园的功能：一是提供保护性的自然环境；二是保存物种及遗传基因；三是国民游憩及繁荣地方经济；四是促进学术研究及环境教育。

设立国家公园的主要意义和作用大致可概括为三个方向：一是景观资源的保存与保护；二是资源环境的考察与研究；三是旅游观光业的可持续发展。

国家公园以生态环境、自然资源保护和适度旅游开发为基本策略，通过较小范围的适度开发实现大范围的有效保护，既排除与保护目标相抵触的开发利用方式，达到了保护生态系统完整性的目的，又为公众提供了旅游、科研、教育、娱乐的机会和场所，是一种能够合理处理生态环境保护与资源开发利用关系的行之有效的保护和管理模式。尤其是在生态环境保护和自然资源利用矛盾尖锐的亚洲和非洲地区，通过这种保护与发展有机结合的模式，不仅有力地促进了生态环境和生物多样性的保护，还极大地带动了地方旅游业和经济社会的发展，做到了资源的可持续利用。

经过百余年的研究和发展，国家公园已经成为一项具有世界性和全人类性的自然文化保护运动，并形成了一系列逐步推进的保护思想和保护模式：一是保护对象从视觉景观保护走向生物多样性保护；二是保护方法从消极保护走向积极保护；三是保护力量从一方参与走向多方参与；四是保护空间从点状保护走向系统保护。

关于国家公园的标准，1974 年 IUCN 议定了以下条款：

一是面积不小于1000公顷[①]的范围内，具有优美景观的特殊生态或特殊地形，有国家代表性，且未经人类开采、聚居或开发建设之地区；

二是为长期保护自然原野景观、原生动植物、特殊生态体系而设置

---

① 1 公顷 =10000 平方米。——编者注

保护区之地区；

三是由国家最高权力机构采取措施，限制开发工业区、商业区及聚居之地区，并禁止伐林、采矿、设电厂、农耕、放牧、狩猎等行为，同时有效执行对于生态、自然景观维护之地区；

四是维护目前的自然状态，仅准许游客在特别情况下进入一定范围，以作为现代及未来世代科学、教育、游憩、启智资产之地区。

中国国家公园是以保护具有国家代表性的自然生态系统为主要目的，实现自然资源科学保护和合理利用的特定陆域或海域。2021 年 10 月，中国正式设立三江源、大熊猫、东北虎豹等一批国家公园。国家公园已成为当今世界自然保护的主流形式，也是全球自然保护事业共同的语言。相信以绿色发展理念为引领，中国国家公园的建设发展将在全球自然保护领域发挥重要影响，为共同构建地球生命共同体注入不竭动力。

美国国家公园的历史最早可追溯到 1860 年。彼时，一群保护自然的先驱因优胜美地（Yosemite）山谷中的红杉巨木遭到任意砍伐而积极促请国会保存。1864 年，美国总统林肯签署公告，将优胜美地划为第一座州立公园。随着美国于 1872 年设立世界最早的国家公园——黄石国家公园，优胜美地也在 1890 年由州立公园升级为国家公园。

惊心动魄的国际科幻冒险大片《侏罗纪公园》，就是基于国家公园题材的早期创意超级电影 IP。而今，各种各样的国家公园已经成为人类与自然和谐相处的实验场和新课堂。

植树造林

植树造林是碳中和利器。

1亩树林1年可以吸收灰尘2万～6万千克，1天能吸收67千克二氧化碳，释放48千克氧气，1个月可以吸收有毒气体二氧化硫4千克。1亩松柏林两昼夜能分泌2千克杀菌素，可杀死肺结核、伤寒、白喉、痢疾等病菌。

植树造林指新造或更新森林的社会生产活动，是培育森林的基本环节。种植面积较大而且未来能够形成森林和森林环境的称为造林，如果面积很小，未来不能形成森林和森林环境的则称为植树。

造林的基本措施是适地适树，细致整地，良种壮苗，适当密植，抚育保护，工具改革以及可能的灌水、施肥。植树造林不仅能为人们的生活和工农业生产提供许多有用的原料和用品，还能为人类提供氧气、净化空气、美化环境、生态保护、保持水土、防风固沙，并有效地控制水土流失和土地沙漠化。

树木有着像树冠那样庞大的根系，像网络状巨手那样紧紧地抓住土壤并锁住水分，生生不息地供给树根吸收储存。据统计，1亩树林比无林地区多蓄水20吨左右。

植树造林可以有效地改善生态环境，对治理沙化耕地、控制水土流失、增加土壤蓄水能力、减轻洪涝灾害等具有非常明显的作用。尤其是经济林所产生的直接经济效益和社会经济效益都非常可观，还可以提供大量的劳动就业机会，促进所在区域经济的可持续发展。

风沙吹老了岁月，植树造林则能防风固沙。风沙所到之处，田园会被掩埋，城市会变成废墟。而当风遇上防护林，其速度要减弱

70%~80%。若要有效抵御风沙袭击，必须造防护林以减弱风的力量。

植树造林还能为人类提供林产品，诸如水果、药材、茶叶、橡胶、薪炭等，都是树木的成果和贡献。

森林是自动的调温器。树荫下温度夏日比空地上低 10℃左右，冬季又高 2℃ ~3℃。树叶上有许多细小的茸毛和黏液，能吸附烟尘中的碳、硫化物，还有病菌、病毒等，同时可以大量减少和降低空气中的尘埃，1 公顷草坪每年可吸收烟尘 30 吨以上。因此，人们把绿色植物称为“天然除尘器”。

树叶在阳光下能吸收二氧化碳，并制造人体所需的氧气。据测定，1 公顷阔叶林 1 天约吸收 1 吨二氧化碳，释放氧气 700 千克。因此，人们把绿色植物称为“氧气制造厂”。

松、樟、榆等树能分泌杀菌素，杀灭结核分枝杆菌、白喉杆菌等病菌。绿化还能吸收声波，减低噪声。噪声作为一种公害，已引起人类普遍重视并采取了各种减少噪声的措施，而绿化造林就是一举多得的好办法。从林木降低噪声的效果来看，林带越宽、越密越好。科学研究认为，在城市里，至少要有宽 6 米、高 10 米的林带，那样削减噪声效果比较明显，而且要求林带不宜离声源太远，一般在 6~15 米为好。为了提高绿化削减噪声的常年效果，应尽量选用四季常绿树种，以乔木为主，灌木、花草相结合，构成多层次的消声林带，效果会更佳。

国外曾有学者对树的生态价值进行过计算：一棵 50 年树龄的树，累计创值约 19.6 万美元。

一棵树可以生产 200 千克纸浆，一年可以储存一辆汽车行驶 16 千米所排放的污染物。很多树木可以吸收有害气体，如 1 公顷柳杉林 1 天可以吸收二氧化硫 60 千克，其他如臭椿、夹竹桃、银杏、梧桐等，都有吸收二氧化硫的功能。当城市绿化面积达到 50% 以上时，大气中的污染物可得到有效控制。

“百万森林”项目是气候组织联合中国绿化基金会、联合国环境规划署共同发起的，目标是种植百万棵沙棘树。农户是沙棘树的所有者，通过将沙棘果以市场收购价格卖给当地的榨汁工厂获得收入。

“百万森林”项目获得了众多知名企业的参与和支持，中粮集团、深圳发展银行、百度等都是该计划的重要参与者和推动者。

河长制

河畅、水清、堤固、岸绿、景美、人和。

2021 年出差旅居惠州多日，每天早晨到酒店对面的东江岸边散步，发现江边赫然矗立着的牌匾，仔细阅读竟然是惠州市河长公示牌。

河长公示牌内容包括河道名称、市级河长、河湖警长、县区级河长、河流概况、市级河长职责、管护目标。面前的河道是东江惠州段，市级河长由惠州市委书记暨市人大常委会主任担任，县区级河长由县区委书记担任。关于东江的描述非常清晰明确，珠江流域三大水系之一，古称为湟水、循江、龙江，发源于江西省赣州市寻乌县桠髻钵山，上游称寻乌水，流至河源市龙川县境内与定南水汇合后始称东江。干流经龙川、河源、紫金、博罗、惠城、仲恺、东莞等县市，至东莞石龙镇后分南北水道流入珠江，从虎门出海。全流域面积 35340 平方千米，其中广东境内 31840 平方千米，惠州市境内 10130 平方千米；东江干流全长 562 千米，其中广东境内 435 千米，惠州市境内河长 172 千米。

惠州市级河长职责：落实上级河长工作部署；组织领导责任河流河长制工作，协调和督促本级有关部门、有关单位以及下级河长履行河流管理保护职责，包括保护水资源、保障水安全、防治水污染、改善水环境、修复水生态、管理保护水道岸线、强化执法监督任务；定期巡查责任河流；考核责任河流下一级河长的履职情况；接受群众监督。

河长管护的目标为河畅、水清、堤固、岸绿、景美、人和。公示牌由惠州市河长办印制，广东省河长办监制，编码为 BR090000008A，并附有东江惠州市段水系图。

河长制首创于浙江省长兴县。因成效显著，便渐渐在全国范围推行河长制，并形成国家级生态环境保护制度体系。河长制早期亦源自江苏。2007 年 8 月，无锡市印发《无锡市河（湖、库、荡、氿）断面水质控制目标及考核办法（试行）》，将河流断面水质检测结果纳入各市县区党政主要负责人政绩考核内容，各市县区不按期报告或拒报、谎报水质检测结果的，按有关规定追究责任。

河长制指由中国各级党政主要负责人组织领导相应河湖的管理和保护工作的制度，以保护水资源等为主要任务，全面建立省、市等四级河长体系，构建责任明确、协调有序、监管严格、保护有力的河湖管理保护机制，为维护河湖健康生命、实现河湖功能永续利用提供制度保障。

我国流域面积 50 平方千米以上的河流共 45203 条，总长度达 150.85 万千米。常年水面面积 1 平方千米及以上天然湖泊 2865 个，湖泊水面总面积 7.80 万平方千米。其中，淡水湖 1594 个，咸水湖 945 个，盐湖 166 个，其他 160 个。随着经济社会快速发展，中国河湖管理保护出现了一些新问题，如河道干涸湖泊萎缩、水环境状况恶化、河湖功能退化等，给保障水安全带来了严峻挑战。解决这些问题，亟须大力推行河长制，推进河湖系统保护和水生态环境整体改善，保障河湖功能永续利用，维护河湖健康生命。各地需要完善河湖日常监管巡查制度，对重点河湖、水域岸线进行动态监控，对涉河湖违法违规行为做到早发现、早制止、早处理。中国针对水资源短缺的现状划定了用水总量红线，到 2030 年不能超过 7000 亿立方米。每一流域都有用水上限，跨越用水上限就说明开发利用不合理。

按照河长公示制度，各地在河道边醒目位置，竖立河长公示牌，写明河道名称、河道长度、河长姓名职务、联系部门、管治保目标任务、举报电话等信息，并及时更新，以随时接受群众举报、投诉、监督。

河长有四项原则：①坚持生态优先、绿色发展。牢固树立尊重自然、顺应自然、保护自然的理念，处理好河湖管理保护与开发利用的关系，强化规划约束，促进河湖休养生息、维护河湖生态功能。②坚持党政领导、部门联动。建立健全以党政领导负责制为核心的责任体系，明确各级河长职责，强化工作措施，协调各方力量，形成一级抓一级、层层抓落实的工作格局。③坚持问题导向、因地制宜。立足不同地区、不同河湖实际，统筹上下游、左右岸，实行一河一策、一湖一策，解决好河湖管理保护的突出问题。④坚持强化监督、严格考核。依法治水管水，建立健全河湖管理保护监督考核和责任追究制度，拓宽公众参与渠道，营造全社会共同关心和保护河湖的良好氛围。

河长制在组织形式上，建立中国省、市、县、乡四级河长体系。各省（自治区、直辖市）设立总河长，由党委或政府主要负责同志担任；各省（自治区、直辖市）行政区域内主要河湖设立河长，由省级负责同志担任；各河湖所在市、县、乡均分级分段设立河长，由同级负责同志担任；县级及以上河长设置相应的河长制办公室，具体组成由各地根据实际确定。

河长制的主要任务：一是加强水资源保护，全面落实最严格的水资源管理制度，严守“三条红线”；二是加强河湖水域岸线管理保护，严格水域、岸线等水生态空间管控，严禁侵占河道、围垦湖泊；三是加强水污染防治，统筹水上、岸上污染治理，排查入河湖污染源，优化入河排污口布局；四是加强水环境治理，保障饮用水水源安全，加大黑臭水体治理力度，实现河湖环境整洁优美、水清岸绿；五是加强水生态修复，依法划定河湖管理范围，强化山水林田湖系统治理；六是加强执法监管，严厉打击涉及河湖违法行为。

全面推行河长制是落实绿色发展理念、推进生态文明建设的内在要求，是解决中国复杂水问题、维护河湖健康生命的有效举措，是完善水治理体系、保障国家水安全的制度创新。河长制，更是“碳中和”时代的中国解决方案。

沙漠治理

世界荒漠化防治看中国。

沙漠治理指通过以水治沙等技术手段遏制沙漠蔓延的态势。

沙漠占地球总面积1/3，占大陆总面积1/5，地球40%以上的土地面临沙漠化威胁。

我国是世界上荒漠化最严重的国家之一，荒漠化土地面积达264万平方千米，占国土面积的27.5%。其中尤以沙漠危害最为严重，其面积已达80.9万平方千米，并且还在继续蔓延，平均每年有610平方千米左右的沙漠出现活化，其中有310平方千米土地沦为沙地。沙漠化造成生态系统失衡，可耕地面积不断缩小，对工农业生产和人民生活带来严重影响。西北干旱区沙漠和沙漠化土地，已成为我国乃至亚太地区沙尘暴的主要源地之一，为社会经济造成巨大损失。

荒漠化扩展的主要原因是人类的不合理活动、干旱缺水、植被稀少和风力助推作用。因此，如果能从缓解水资源短缺、增加荒漠地区地表植被、降低风力助推作用等方面寻找突破口，沙漠治理就能在某种程度上得到解决。

以水治沙法指通过对当地水资源的合理利用和采取调水措施引水以解决荒漠地区水资源不足的问题，达到治理沙漠的目的。即使是在沙漠，有水的地方就会有绿洲出现。因此，水对于沙漠治理的效果来说是很关键的因素，必须充分利用或调配好荒漠地区的水资源。

以沙治沙法指在治理沙漠过程中通过采取一定的方式和手段，将沙漠沙石加以利用，从量上减少沙漠化的危害，从而达到治沙的目的。

抽沙治沙法指将沙漠沙石压制成的沙砖运往中国南方，运用在建设工程上，从而减少部分沙源，实现沙漠治理的目标。

光伏扬水系统不失为具有经济效益的解决方案。新疆塔克拉玛干沙漠于 2001 年尝试采用天源新能源原创的 Solartech 水磁光伏扬水进行沙漠光伏扬水灌溉，绿色植被种植初见成效，已经建成沙漠地区防沙林滴灌高速公路。初步起到了固沙绿化、阻止沙漠化蔓延、改善周围环境及生态环境、建设绿色循环经济的作用。新疆地下水源达 1150 亿立方米，相当于两条黄河的年水量，如果把这些水资源利用好，就可把成片的沙漠变为绿洲。光伏扬水系统每年可发电 27375 千瓦时，在其 25 年的使用年限内可节省标准煤 257.3 吨、减排二氧化碳 113.2 吨、二氧化硫 5.1 吨、烟尘 3.9 吨、灰渣 66.9 吨。

作为世界上受土地荒漠化危害最严重的国家之一，我国长期以来非常重视沙地沙漠生态修复治理。政府主导与民众参与相结合，自然修复与人工治理相结合，法律约束与政策激励相结合，重点突破与面上推进相结合，讲求科学与艰苦奋斗相结合，治理生态与改善民生相结合，防沙治沙的中国方案和中国经验已经举世瞩目。

“十三五”以来，全国累计完成防沙治沙任务 880 万公顷。昔日的“沙进人退”变成了“绿进沙退”，国际社会纷纷点赞：世界荒漠化防治看中国；“十四五”之后的只此青绿荒漠治理更加可期。

公地悲剧

人们容易忽视远期利益，精于算计眼前利益，并且为此奋不顾身，甚至不惜“杀鸡取卵”或者“竭泽而渔”。“双碳”目标之下，我们需要“风物长宜放眼量”。

公地悲剧又称哈定悲剧，源于1968年英国学者哈定（Garrit Hadin）在《科学》杂志上发表了题为《公地的悲剧》的文章，其内容涉及个人利益与公共利益对资源分配有所冲突的社会陷阱。

哈定在文章中描述了这样的场景：一群牧民同在一块公共草场放牧。其中一个牧民想多养一只羊增加个人收益，即便他明知草场上羊的数量已经太多，如果再增加羊的数目，将会使草场的质量下降。牧民将如何取舍？如果每个人都从自己的私利出发，肯定会选择多养羊以获取收益，而草场退化的代价由大家负担。如果每位牧民都如此思考并如此行动，公地悲剧就发生了，草场持续退化直至无法养羊，最终导致所有牧民破产。

公地悲剧是经济学中的经典问题，也是博弈论教科书中必定要讨论的问题。当社会或组织中没有行业规则、没有管理制度、没有强制措施，就会导致公共财产或公共资源的彻底丧失，人们赖以生存的摇篮就会崩溃或者颠覆。

公地悲剧展现的是一幅私人利用免费午餐时的狼狈景象，那就是大家都认为别人可以承担成本，所以自己可以无休止地掠夺。人们容易忽视远期利益，精于算计眼前利益，并且为此奋不顾身，甚至不惜“杀鸡取卵”或者“竭泽而渔”。

美国学者认为“当个人按自己的方式处置公共资源时，真正的公地悲剧才会发生”。

公地悲剧更准确的提法应当是无节制的、开放式的、资源利用的灾难。就以环境污染为例，由于治污需要成本，私营企业肯定会千方百计地把企业成本外部化，这就是赫尔曼·E. 戴利提出的“看不见的脚”所导致的私人的自利，他们不自觉地把公共利益踢成了碎片，从而导致赖以生存的每个人和每个组织都面临困境。

公地悲剧的根源在于公共资源的私人利用方式。事实上，针对如何防止以公地悲剧为代表的问题产生，哈定提出的对策是共同赞同的相互强制甚至政府强制，而不是私有化。

在英国，公地悲剧和“圈地运动”关系密切。在 15—16 世纪的英国，草地、森林、沼泽等都属于公共用地，耕地虽然有主人，但是庄稼收割完以后，需要把栅栏拆除并敞开作为公共牧场。由于英国对外贸易的发展，养羊业飞速发展，于是大量羊群进入公共草场。不久，土地开始退化，公地悲剧就出现了。由此一些贵族通过暴力手段非法获得土地，开始用围栏将公共用地圈起来据为己有，这就是世界历史教科书中的“圈地运动”，大批农民和牧民失去了维持生计的土地，产生了血淋淋的“羊吃人”事件。圈地运动阵痛过后，英国人惊奇地发现草场又变好了，整体收益也提高了，这是由于土地产权的确立，土地由公地变为私人领地，拥有者对土地的管理更高效了，土地所有者为了长远利益会尽力保持草场的质量。同时，土地兼并后，以户为单位的生产单元演变为大规模流水线生产，劳动效率大为提高，这样的模式使英国逐渐发展为日不落帝国。

历史上第一位获得诺贝尔经济学奖的女性奥斯特罗姆在其著名的公共政策著作《公共事物的治理之道》中，针对公地悲剧、“囚徒理论”和“集体行动逻辑”等理论模型进行分析和探讨。同时她从小规模公共资源问题入手，开发了自主组织和治理公共事务的创新制度理论，为面临“公地选择悲剧”的人们开辟了新的途径，为避免公共事务退化、保护公共事务与可持续利用公共事务，从而增进人类的集体福利，提供了自主治理的制度保障。

从经济学角度而言，人类目前所面临的全球气候变化问题是世界各国生产生活集体活动所造成的共同困境，在经过多年的相互指责、彼此推诿、责任转嫁等口舌战争和无厘头的官司后，大家痛定思痛达成共识，世界各个国家和地区相继提出了碳达峰和碳中和的目标。

“双碳”目标不仅是世界各个国家的目标，同时关乎所有的企业、组织、家庭和个人，只有每个经济体悉数参与其中，才能实现蓝天白云之下可持续发展的生态愿景。

“在我死后，哪管它洪水滔天！”法国国王路易十五一生只顾自己贪图享乐，根本不管百姓的死活，最后导致了他的孙子路易十六的悲剧。最近两年，新冠肺炎疫情在全球肆虐。2021 年在世界多地如德国、英国、中国等都发生过滔天水患，某些区域成为洪水肆虐的重灾区。世界发展、治国理政、公共管理如同父母之爱子孙，执政者和管理者应当如长辈那样为子孙后代深谋远虑并恪尽职守，人类方可天长地久。而每个个体和每个经济体，只有遵守公共规则、长远利益与可持续发展价值观，才能走出眼下历经磨难的生死劫怪圈。

水能载舟，亦能覆舟，以人为本，源远流长。

本章结语

本章解析梳理了生物多样性、国家公园、植树造林、河长制、沙漠治理、公地悲剧等环境保护对于碳中和的意义。大自然在实现碳中和方面发挥着关键作用，采取基于自然的解决方案，每年可以减少110亿吨的碳排放。

现实生活中的人们容易忽视远期利益，精于算计眼前利益，并且为此奋不顾身，甚至不惜“杀鸡取卵”或者“竭泽而渔”。

公地悲剧是经济学中的经典问题，也是博弈论教科书中必定要讨论的问题，当社会或组织中没有行业规则、没有管理制度、没有强制措施，就会最终导致公共财产或公共资源的彻底丧失，人们赖以生存的摇篮就会崩溃或者颠覆，所以要慎终如始。

“双碳”目标之下，我们需要“风物长宜放眼量”，放下短视行为，尊重人类未来的长远利益。

第八章
一二三产业碳中和创新示范

高质量发展，一二三产业协同发展，区域经济协同发展，推波助力碳中和。

在京津冀协同发展国家战略的宏观背景之下，正是因为首钢集团“中国钢铁梦工厂”与绿色健康低碳生态新城“首堂·创业家”的建设，渤海湾以加速创新的产城融合阵容和无限憧憬，正式展开了即将成为继纽约湾区、东京湾区、旧金山湾区、粤港澳大湾区之后的未来世界第五大湾区的想象。

京津冀协同发展的绿色迁移，以中国最早、规模最大的绿色健康低碳建筑群“首堂·创业家”，建设银行“千里江山，只此青绿”绿色金融，正谷集团有机农业等实践，构成了碳中和与气候经济体系的创新经典与成功借鉴。

首堂·创业家：零碳建筑先行者

京津冀协同发展的绿色迁移，以中国最早、规模最大的绿色健康低碳建筑群“首堂·创业家”为例。

在“双碳”目标宏观背景下，各地掀起了推行超低能耗、绿色建筑被动房的热潮，全国最早且最大的被动房社区在哪里，是在什么背景之下由哪家房地产开发商建成的，是什么时间由什么团队创建完成的，什么项目能在京津冀协同发展战略中成为碳中和绿色建筑的率先示范?

早在“双碳”目标提出之前，首钢集团从2016年便开始规划建造的曹妃甸京津冀协同发展示范区“首堂·创业家”项目，多年以来低调隐藏于渤海湾曹妃甸，以产业转移和生活迁移的颠覆性变革和集成式创新的波澜壮阔之举，脚踏实地贯彻落实京津冀协同发展与绿色可持续发展战略，并倾力支持北京冬奥会。首钢集团填海造田开发建设了数十平方千米的海上钢铁厂亦被称为“中国钢铁梦工厂”，自主研创了15万余平方米绿色健康低碳社区和生态新城，一举成为我国最早、最大的绿色低碳健康生态社区，为产业转移大军营造了“面朝大海、春暖花开”的生产生活环境，不仅为疏解北京非首都功能作出了卓越贡献，成为贯彻京津冀协同发展国家战略的优秀样板，更是碳中和领域的零碳建筑、零碳社区、零碳城市和生态新城中，成熟的先行示范者、探索者、先锋官。

“首堂·创业家”项目不需接入市政供暖，全年无须传统空调，即可达到恒温、恒湿、恒氧、恒静、恒洁，建筑节能率高达90%以上。根据总建筑面积15万平方米的能耗模拟计算，每年比传统住宅采暖节省标准煤约477.64吨，减少碳排放约1178.74吨，减少二氧化碳排放

1678.36 吨。

“首堂·创业家”之于“双碳”目标，不仅先行一步，而且提前了五年。

一、缘起京津冀，拓荒渤海湾

1. 国家战略：京津冀协同发展

京津冀协同发展是重大国家战略，习近平总书记在 2014 年 2 月 26 日视察北京时全面深刻阐述了京津冀协同发展的重大意义，作出了推动京津冀协同发展的战略部署。

习近平总书记提出京津冀协同发展号召之后，北京市、河北省于 2014 年 7 月 31 日联合签署《共同打造曹妃甸协同发展示范区框架协议》，明确提出共同把曹妃甸打造成首都战略功能区和协同发展示范区。

2015 年 1 月 29 日，首钢总公司出资 67%、唐山曹妃甸发展投资集团有限公司出资 33%，分别代表北京与河北的国有全资公司，京冀曹妃甸协同发展示范区建设投资有限公司（简称曹建投公司）正式成立，负责开发建设位于曹妃甸工业区的产业转移地区和位于曹妃甸新城的城市生活配套区。

2015 年 6 月，《京津冀协同发展规划纲要》颁发，明确提出“推进北京与河北共建曹妃甸协同发展示范区”。

曹建投公司并非专业的地产开发商，而是京冀两省市指定的承担京津冀协同发展示范区的投资、开发、建设、运营和管理的唯一开发建设主体，服务于北京非首都功能疏解，打造宜居宜业的现代化新城，主要任务是协同北京产业转移，打造京津冀协同发展示范工业区，为非首都功能疏解人群提供工作生活的配套基础设施。

2. 源远流长：首钢集团与河北省合作的里程碑

首钢集团与河北省的渊源由来已久，早在 1958 年就于河北迁安开矿建厂。

为了贯彻落实京津冀协调发展国家战略，首钢集团第一时间响应号召迁出北京并在河北建厂，早在2012年就在曹妃甸填海造田，设立了“海上钢铁厂”首钢京唐公司。京唐公司建成之后，时任国务院总理温家宝亲自考察，特别提出了“四个一流”的赞誉，即“产品一流、管理一流、环境一流、效益一流”。

3. 示范引领：京津冀协同发展的绿色迁移

首钢集团与河北省合作的产业转移，不仅没有把污染带到河北，而且为河北带来了绿色可持续发展的新模式新样板，并且以实际工作践行我国京津冀协同发展战略，为首钢集团和相关产业转移建设者及后代子孙缔造更加幸福的未来。

首钢集团为了支持2008年北京奥运会而进行了史无前例的大搬迁，产业转移的首钢京唐公司在曹妃甸安家落户，海上的“中国钢铁梦工厂”由此产生。

京津冀协同发展是国家战略，需要坚持优势互补、互利共赢、扎实推进，走出科学的可持续绿色发展的新路。曹建投公司于京津冀协同发展示范区创建的绿色健康低碳建筑群“首堂·创业家”，则是这趟绿色可持续发展建设旅途中的里程碑。

“首堂·创业家”作为创新示范引领，促进了产业开发建设进程，带动京津冀协同发展示范区宜居宜业环境和完善的生活保障体系的打造，解决了产业先行开发从业人员及其家庭的居住、教育、文化娱乐等综合生活服务问题，为京津冀协同发展产业集聚，发挥了重要的基础支撑作用，成为京津冀协同发展示范区的卓越样板与产业转移人群绿色生态生活的安居乐业之地。

2018年8月31日，中国（河北）自由贸易试验区曹妃甸片区挂牌，“首堂·创业家”所在的京津冀协同发展示范区成为与雄安新区、大兴机场和正定并立的四大自贸区片区。由此，曹妃甸也迎来了新的发展机遇。站在新起点上的曹妃甸，正向着“世界新港、协同新区、渤海新城”的目标奔跑。

“一港双城”发展战略下的曹妃甸正在步入快车道。

二、创业：筚路蓝缕，以启山林

1. 欲戴其冠，必承其重：敢闯、敢坚持、敢于苦干硬干

京津冀协同发展战略由首钢集团牵头落实之后，经过几轮比较和遴选，首钢集团最终决定委任祖籍河北唐山李大钊故里的李国庆率先出马。

任命书刚下达，李国庆只带了几位员工就匆匆奔赴位于渤海湾曹妃甸的滩涂。当初的项目地几乎还是满目荒芜，工作到中午连吃饭的地方都找不到，甚至还要回到20千米外的基地午餐。前期条件简陋到连办公场所都没有，他们因地制宜地改造了当时尚未竣工的建筑作为办公楼，随后京冀协同发展示范区管委会于此诞生。

在顶层设计不明朗、无先例可循的情况下，这支先遣部队以首钢人“敢闯、敢坚持、敢于苦干硬干”和“敢担当、敢创新、敢为天下先”的精神，与当地政府签订协议、划定投资范围、探讨投资模式，坚持边生产边生活的原则，边建工业区同时边考虑生活基地，迅速在半年时间内打开局面并顺利开启各项工作，以最快的速度完成“九通一平”，边修建道路、招商引资、完善城市基础功能配套，边在开发开拓过程中探究考察、反复求证并力求创新突破。

2. 要做就做到最好：敢担当、敢创新、敢为天下先

曹建投公司在谋划曹妃甸新城的工作生活配套区建设过程中，反复讨论推演并不断论证，从北京迁移到曹妃甸的“新移民”到底需要怎样的住宅，他们心目中真正的“好房子”是什么样的，为产业转移和京津冀协同发展建设者们设计建设什么样的住宅，才能够为他们创造不低于北京的“更好的生活”。

可是真正满足从北京迁居至此的新移民居住要求却并非易事，要面临入住率低、冬季传统采暖成本高、北方地区风沙灰尘较大等问题。因此，建造不低于北京居住水平的更舒适人居环境成为严峻挑战。

在紧锣密鼓、日夜施工建设工业区的同时，李国庆和他的团队也在反复思考。通过奔赴上海、浙江、河北等国内多地调研和对国外新型建筑的探究学习，他们惊喜地发现了被动式房屋新概念，踏破铁鞋无觅处，健康、环保、绿色、节能的住宅才是理想居所。这便是彼时拟欲创建宜居绿色生态新城的缘起，而当时并无碳中和目标的明确要求，被动式房屋在当时亦属“小荷才露尖尖角”的新概念。

第一个吃螃蟹的人，意味着要创新、要突破、要别出心裁。有同事说创新可能会冒风险，不如盖普通房子完成任务即可。但是李国庆认为，既然已经找到既能满足居住需求，又符合建筑发展规律和未来趋势的目标，就要瞄准目标从实际出发，真正地为产业转移和疏解北京人群营造更好的工作生活环境。

李国庆团队此前没有地产经验，国内又鲜有被动式房屋，这些都是他们面临的严峻挑战，他们勇于先尝先试，在学中做亦在做中学，甚至提出了“一年变内行，三年变专家”的目标，每天与首钢设计院、上海筑境设计院视频会议，共同探讨、研究细节，精益求精，连续三个月每天加班到深夜，通过全方位的“跨界”学习，迅速由外行转变为内行。这个“学习型企业”新晋的行家里手们对规划方案和施工图反复斟酌推敲，形成了比较完善的规划设计方案，迅速向集团公司汇报之后，首钢集团领导班子对超低能耗绿色建筑，这种利国利民的新生事物给予了高度支持，以超前的魄力拍板决策项目上马。

集团决策之后，公司迅速实施，并于2016年年底开工建设。施工过程严格把控质量和细节，并请国际被动式房屋认证机构人员现场全过程监督指导并实施。时间紧，任务重，日夜兼程，朝暮赶工，15万平方米的被动房社区全部建成并通过了国际机构认证，成为国内首个被动房住宅社区。

李国庆带领他的团队以高于本位的高远立意，开拓了新局面、创建了新模式。

3. 宏伟蓝图：当时国内最大的健康科技被动房社区

“路漫漫其修远兮，吾将上下而求索。”

高品质精品工程和示范引领成为李国庆团队的追求目标。他们通过详尽缜密的调查研究、创新设计、反复求证、规划建设，勾勒出了规模浩大的健康科技被动房社区“首堂·创业家”的宏伟蓝图。

源自德国的超低能耗被动式房屋建筑形式，当时在国内尚处于早期试水阶段，但是这种超前的标新立异设想不仅得到了首钢集团的鼎力支持，而且北京市五委办局包括人大、科技、财政、住建、环保局等部门也非常重视，并于 2018 年 9 月抵临现场参观考察，河北省政府同时给予了大力支持并且专门委派住建厅建筑节能处专家到施工现场协同指导。经过京冀两省市产学研领域相关专家学者检查、测试、验收，所有指标均达到甚至超过预期。

项目全部交付，而且已有六百余户业主乔迁入住，这些“先吃螃蟹的人”对被动式房屋的健康舒适居住环境有了切身体验，有了如居“芝兰之室”和如沐春风的惬意感觉。

4. 不辱使命：首钢集团特别给予高度评价

该项目同时投入智能家居、远程安防控制系统、智慧社区服务系统，采用海绵城市及绿色建筑的设计标准，为国内首个整个社区全部采用被动式技术、小区内无任何市政供暖及空调制冷设施、当时国内规模最大的被动式社区。也是 2017 年国内第一个将被动式技术与智能家居安防控制系统进行集成的智慧社区。

在 2030 年碳达峰和 2060 年碳中和的背景形势下，全国各地都在推行超低能耗绿色建筑被动房。而“首堂·创业家”，比“双碳”目标的正式提出提前了五年。可以说，这是一个超前的敢于创新的实践。

“首堂·创业家”是首钢集团多年前呈献的与京津冀协同发展国家战略、协同北京冬奥会而进行产业转移和绿色生态可持续发展的巨著，更是科技创新的碳中和代表作。

经过几年努力，京津冀协同发展先行启动区逐渐成形，他们积极配合管委会与当地政府大力招商，北京转移企业陆续入驻，“首堂·创业家”成为产业转移人群安居乐业的新家园。随着项目顺利竣工并完全交付，成为当时全国规模最大、入住率最高的被动式绿色建筑群，亦成为首钢集团与河北省源远流长合作历史的里程碑。

鉴于李国庆团队三年以来在曹妃甸京津冀协同发展示范区所作出的杰出贡献和取得的创新成果，首钢集团在2018年特别给予高度评价——“不辱使命”。

三、创新：芝兰之室，低碳科技

1. 科技与人文兼修的绿色智能书香门第

“首堂·创业家”这组绿色健康低碳建筑群落，位于唐山市曹妃甸区的北京（曹妃甸）现代产业发展试验区产城融合先行启动区内，主要由联排、叠拼和11层花园洋房组成。以我国唐宋时期诗词格律的词牌，诸如长相思、蝶恋花、雨霖铃、双飞燕、苏幕遮、占春芳、上林春等作为社区中每栋建筑的名称。由此可以想见，开发者寄予了此社区书香传家、忠厚继世的思想。

该项目包含低密度住宅及小高层住宅，规划用地面积100072.59平方米，总建筑面积151600平方米，平均容积率1.13，全部采用被动式超低能耗建筑技术。

2. 前瞻思维和集成创新的全国最早、最大绿色健康被动房社区

“首堂·创业家”以前瞻思维和集成创新成为全国最早、最大的被动式住宅社区优秀样板。根据总建筑面积15万平方米的能耗模拟计算，

每年比传统住宅采暖节省标准煤约477.64吨，减少碳排放约1178.74吨，减少二氧化碳排放1678.36吨；无须单独空气净化设备，室内PM2.5指数仅为8μg/m^3，即使在隆冬时节，室内温度在无传统市政供暖条件下也能维持在20℃~26℃。

根据2019年至今所有用户用能监测情况，选取连续两年及以上居住用能40户，评价用能情况，夏季用能仅为近零能耗建筑用能标准的30%，冬季用能与标准用能一致。全年供冷采暖约比标准耗能降低35%。实际使用中，单平方米减少碳排放13.3kg/m^2·a，优于模拟情况。

“首堂·创业家”至今仍是国内已经建成的被动式社区入住率最高的项目，从规划设计、建造施工到后期的物业交付和居住运营，均积累了大量有效的实践经验，为被动式技术的应用推广提供了丰富的借鉴。通过先行先试的创新实践，该项目带领国内被动式技术供应方实现产品及技术升级，在规划、设计、监理、施工，以及新风、门窗、保温等材料设备等方面都进行了迭代优化，为全国各地的被动式技术推广与节能减排打造了优秀样板和示范。

3. 碳中和建筑：芝兰之室，广厦千万间

杜甫有诗曰：安得广厦千万间，大庇天下寒士俱欢颜。

《后汉书》：与善人居，如入芝兰之室，久而不闻其香。

“首堂·创业家”俨然是史书中的“芝兰之室”，既满足了千年来人们对追求美好生活的想象与渴望，又因为规模化和标准化建设，亦能协助社会实现唐朝诗人杜甫在千年之前“安得广厦千万间，大庇天下寒士俱欢颜”的忧国忧民理想。

4. 创新引领：“首堂·创业家”屡获殊荣

“首堂·创业家”屡获殊荣，先后得到了住建部、北京市住建委以及河北省建设厅的高度关注和鼎力支持，2017年被国家住房和城乡建

设部列为科学技术项目计划，经过住建部专家班委的严格答辩之后被评为建设部科技示范工程项目、被动式超低能耗绿色建筑示范工程。2018年又被列为被动式超低能耗绿色建筑示范推广基地（寒冷地区），同期还被评为新华网年度最佳生态楼盘，北京市超低能耗建筑示范项目，河北省住建厅将其评为河北省低能耗建筑示范工程，同时荣获北京市“京冀曹妃甸协同发展示范区超低能耗项目奖励资金”3000万元。

四、声望：绿色低碳被动式房屋造梦师

1. 礼物：首钢精神与带给曹妃甸的新概念

创新遇见了创新，美好遇见了美好。

“首堂·创业家”项目是京冀曹建投公司代表首钢集团和北京市政府带给曹妃甸的惊艳而特殊的创新“礼物”，首次出现在河北唐山的“被动式房屋”新概念，体现了人与自然的和谐，印证了绿色发展的超前意识和正确选择，更印证了首钢人的先见之明、远见卓识、主动作为和“做天下主人、创世界第一”的首钢精神。

这部碳中和生态建筑作品的领衔主创、曹建投公司首任总经理李国庆，亦被当时媒体誉为曹妃甸生态城“绿色低碳被动式住宅造梦师”。被动式房屋这样的集成式创新并非曹建投公司哗众取宠，而是建筑和土木工程专业出身的李国庆早在2002年就深入调研考察过曹妃甸的滨海滩涂，2007年代表首钢集团与唐山市民营企业在京唐港的钢铁建设基地担任总指挥，参与曹妃甸首钢京唐钢铁基地建设，曾在河北迁安建设钢铁基地、秦皇岛建设首秦钢铁基地、乐亭建设首钢宝业钢铁基地工作。

2. 意义：引领我国被动式房屋产业步入与国际接轨的“快车道”

“首堂·创业家”是中国第一座获得德国PHI认证的住宅项目。

建筑面积15万平方米的节能环保绿色智能社区，全国首座零能耗被动式幼儿园以及大型商业综合体等业态，项目住宅全盘采用了被动式

建筑形式，节能门窗系统、高效热回收系统、围护结构及气密性设计，防霾、PM2.5 高效过滤，低能耗、低污染的健康智慧生活，这是区域内超低能耗建筑的代表作，对全国推行被动式建筑起到了示范作用，并且带动产业链快速与国际接轨，具有划时代的意义。

3. 清流：变局之中开新局，示范区内做示范

在前往曹妃甸工作之前，李国庆是首钢集团建工部部长。

肩负任重道远的历史使命，而且没有相应模式可以复制，只能结合曹妃甸实际情况去摸索、去开拓、去实践，用他的话来说就是“摸着石头过河”。但是，即使如此更坚定“既然做，就做最好；既然是示范区，就要做好示范”。

坚持走绿色发展之路，京冀曹建投公司已是业内“清流”，其影响力和示范性越来越深远。首任总经理李国庆的终极目标是“做一个没有遗憾的精品，打磨高品质、高示范性的产品，做强首钢绿色地产，与志同道合的企业共同推广绿色建筑，担当社会责任，为更多的人群提供高品质的人居生活环境”。

在规划建设伊始，被动式住宅的观念还未普及，当时国内被动式住宅设计研究机构寥寥无几，所需的材料设备生产厂家也很少，成本也比较高，李国庆团队只能广泛调研并集百家之长摸索尝试。敢为人先，不仅是个人做事风格，更是首钢的传统风范。李国庆这个身材高大的领军者带领从初创十几人到后来的三五十人的团队，靠着信念加实干，全身心地投入京冀曹妃甸协同发展示范区的开发建设。三年之功，毕于一役，我国最早、最大的绿色健康低碳建筑群“首堂·创业家”以超出预期的速度落成了。

“首堂·创业家”的开发者，就是首堂创业家。

4. 本色：扎根基层，淬炼成长

李国庆在首钢集团从事建筑管理工作 30 余年，在首钢第三建设公

司工作期间从一般技术员到质量科长、施工科长，再到工程处长、基层工程公司副经理、主管经理，直到第三建设公司副总经理，基层的充分锻炼成就了他善经营、懂管理的扭亏解困的本领。他早年组织建设的矿山烧结、矿山电站、矿山水厂选矿三大工程都圆满完成。在首钢冶金建设公司工作期间，他先后担任副总经理、总经理、党委书记兼董事长，率先推行“项目法施工”进行机制体制改革，迅速扭亏为盈，走上了快速发展之路，出色地完成了迁钢一期、首秦一期、承钢改造等重大项目，取得了非常好的经济社会效益。任首钢集团技术改造部部长和建工部部长期间，他强化工程项目组织管理和成本控制，优质高效地完成了首钢迁钢二期、首钢生物质能源项目、首钢长治钢铁公司改造等近十个重大工程项目，他总结推广的“34551”企业管理法，荣获中国冶金建设协会优秀管理成果一等奖。

任曹建投公司首任总经理期间，跨行业面对无先例可循的京冀曹妃甸协同发展示范区开发建设，李国庆积极对接京冀两省市及当地政府发改委、工信委、经信局等部门，创新体制机制、破解发展难题，推进北京产业转移及非首都功能疏解，促成北京景山学校在曹妃甸产城融合先行启动区分校落地，引入中科院幼儿园入驻曹妃甸新城，推动商业综合体项目建设，有效带动了区域开发建设，为产业转移人群提供高品质的生活配套，自主研发建设的当时国内最大超低能耗被动式项目被住建部评为科技示范工程项目。李国庆团队因业绩突出，荣获 2018 年曹妃甸区委区政府授予的首届“曹妃甸突出贡献奖”。

5. 回归：李国庆团队协同北京冬奥会

回到首钢集团总工室担任集团主管建设项目规划设计的审批审查副总工之后，他与同事们承担了北京园区冬奥项目的立项审查和规划设计，对冬奥技术运行中心及附属通信枢纽、国家电网冬奥保障指挥和展示中心、滑雪大跳台本体项目等进行严格审查，对冬奥会项目从成本管理、质量管理等方面提出专业意见，贡献才智、保驾护航。

五、面朝大海，春暖花开：重新定义好房子

真正的好房子长啥样？曹建投公司和李国庆团队经过多年实践给出了多维度、全方位、场景式、科技感十足的新参数，也是新标准、新答案、新定义：

1. 好的居住属性，这是建一所好房子的根本出发点

房子是用来住的，人们买房子就是为寻求遮风挡雨的地方，给家人以庇护。因此，设计合理的户型、选择有潜力的地段、建设完善的配套、选择精良的建材、严格管控的施工过程，都是建一所好房子必不可少的功课。

2. 好的功能属性，健康人文就是从人的根本需求出发的更高维度追求

从马斯洛需求层次理论出发，房子的基本居住功能满足的是生理和安全两个较低层面的需求，更高的需求则是即使在小城也可安居乐业。“人生有期，健康无价”，真正的成功应是积极和健康的，让自己和家人健康舒适地居住、生活是对生命最好的交代。健康是最真切、最具体的追求，一所好房子应该是能够带来健康和舒适的住宅，而这些正是“首堂·创业家”为居者创造的最大价值，秉承初心铸造精品，并与业主共同营造积极向上、阳光乐观的生活态度，共同追求健康的成功人生。

3. 好的社会属性，节能环保是企业应该承担的责任

绿水青山就是金山银山。坚持走绿色可持续发展之路，坚持高质量发展的理念。“首堂·创业家”项目不需接入市政供暖，夏季无须传统空调，即可达到全年恒温恒湿恒氧，节能率高达 90% 以上，居住成本明显低于普通住宅。

“首堂·创业家”配套幼儿园是李国庆团队自主研发的全国首座零

能耗幼儿园，完全不消耗一次能源，自身光伏发电还能反哺园区。出色的硬件环境和健康理念，吸引了中科院幼儿园在小区开办直营园，成为曹妃甸地区首屈一指的幼教机构。

4. 好房子要跟上时代，将科技融入生活

好房子应该将前沿科技恰当地应用到建筑和人居环境。“首堂·创业家”在这方面做了许多尝试：每户住宅搭载了由首钢集团自主研发的智能家居系统，将室内安防、五位一体机操控、遮阳帘、可视对讲、监控摄像头等诸多功能通过手机 App 实现远程操控，园区综合监测管理，实现智慧互联与智慧管控。

5. 要坚持可持续发展理念，关注环境生态和人的全生命周期

好房子要注重建筑和自然的和谐共生。“首堂·创业家”园区被一条自然河道一分为二，为了不破坏自然原有的生态，项目团队斥资进行河道疏浚并因地制宜地建造景观桥梁，通过再造使其成为不可复制的自然景观。园区内还采用海绵城市理念，通过渗、滞、蓄、净、用、排等方式，减少热岛效应，提升环境品质。

好房子还要注重人与建筑的和谐共生。老龄化是全社会不得不面对的课题，建筑从研发设计阶段就要考虑老年人的需求。户型有专为老年人设计的大一居产品，通过可变开家具实现功能转化，解决儿女探望期间的居住问题；随处可见无障碍通道，别墅室内加配私属电梯；优美幽静的环境，沿河专门搭建的专用钓鱼台、健身步道及健身器材以便让老人颐养身心；筹划中的居民健康档案医疗信息平台将会与社区医疗接轨。

6. 情感的载体，打造“有连接、有温度”的和谐社区文化

农耕文明根植于国人基因，城市钢筋水泥森林的孤独感已被诟病，和谐邻里的温情成为心底渴求。“首堂·创业家”旨在成为“健康、人

文、和谐、共享”的全家庭温情社区，推崇“节能、环保、低碳、健康、运动”的绿色健康理念；通过丰富多彩的文化活动陶冶情操，丰富文化底蕴；举办业主美食节和旅游节，组织业主共同维护园区水系，这些缤纷元素消融了城市生活的孤独感，通过营造“家人文化”与“熟人社区”呈现出活色生香的幸福图景。

这就是李国庆团队在京津冀协同发展背景之下，在渤海湾沧海桑田的“首堂·创业家”项目开发建设过程中，以绿色可持续发展理念与“碳中和”先见之明，对到底什么是“好房子”的深度理解和重新定义：面朝大海，春暖花开。

六、诗意栖居：京津冀协同发展首善之区与未来湾区

1. 碳中和目标：“零碳建筑”“零碳社区”“零碳城市”

“首堂·创业家”是创新创业而敬业的李国庆团队拟定的案名。

“首”字代表首都、首钢，深层含义是“首屈一指”，是集成了诸多“首善之技”的好房子。“堂”是大雅之堂、高端大气的建筑。从项目规划设计之初，团队就矢志为创业者们创建最好的房子，这便是初心和使命。

“首堂·创业家”的建设促进了绿色建筑产业链的搭建、绿色建筑产业园概念的绸缪、绿谷特色小镇的蓝图规划，不断丰富的绿色生态圈推动了京冀协同发展示范区的示范引领作用，同时亦承担了更多的社会公益责任，不仅为更多游客和新移民提供了高品质的人居生活环境，而且锤炼成为首钢集团引领的加速实现“零碳建筑”“零碳社区”“零碳城市”与“碳中和”目标的首善之区，绿色可持续发展理念贯穿全产业链、全生态圈、生态新城全境。

行到水穷处，坐看云起时。中国绿色健康低碳建筑行业先行者案例“首堂·创业家”隐居曹妃甸、濒临渤海湾，在美丽的赤云河、橙霞河、

黄霓河、绿珠河、青裳河、蓝玉河、紫鹊河七条天然河流簇拥下熠熠生辉，其中绿珠河从北到南贯穿整个园区，因园区全面结合海绵城市理念建造而成，便形成了雨水变清澄河流的天然景色。

中国式创新、中国式创造、中国式建造。“首堂·创业家”作为京津冀协同发展创新的里程碑代表作，亦是首钢集团产业转移到渤海湾过程中以集成式创新手法创造的、国际社会特别关注的 ESG 投资成功之作品，舒适的节能减排被动式房屋无论现在是否 100% 达到零排放，都正在以更加创新的技术和立意快速接近零碳概念与“碳中和”。

2. 创新创业的沧海桑田与世界未来第五大湾区设想

结庐在人境，而无车马喧。

首钢集团的海上钢铁厂就在“首堂·创业家”不远处。集团副总工程师、曹建投公司首任总经理李国庆也购买了一套当年在此领衔主创的远离尘嚣的宅第，作为出差兼顾工作或者周末度假的双城记式第二居所。李大钊故里出生的他亦写得一手好文、一笔好字，潜移默化地以这位同乡出身的“铁肩担道义、妙手著文章”的伟人为榜样，偶尔回归到此处安顿身心读书写文，同时可以举目欣赏眼前花开花谢，亦可闭目聆听不远处的潮落潮起。不太远的诗和远方可以是“首堂·创业家”，诗意的栖居也可以是“首堂·创业家”。这座春风和煦的绿色生态新城附近还有随时可以涉足踏浪的波涛澎湃和触手可及的海鲜，这便是李国庆团队当初创新创业创建的“理想国”。

栽下梧桐树，引得凤凰来。北京冬奥会圆满落幕，首钢集团早在多年之前就为冰雪赛事未雨绸缪地腾挪出了首钢大跳台等，可供谷爱凌等冰雪小将们飞燕展翅的广阔空间，而产业转移绿色迁移到渤海湾的生态新城正在茁壮成长，成为碳中和时代的新地标。

在碳中和高质量可持续发展与京津冀协同发展国家战略的宏观背景之下，正是因为面朝大海、春暖花开的首钢集团“中国钢铁梦工厂”与绿色健康低碳生态新城“首堂·创业家”，渤海湾也以加速创新的产城融合阵容和无限憧憬，正式展开了即将成为继纽约湾区、东京湾区、旧金山湾区、粤港澳大湾区之后的世界未来第五大湾区的想象。

今天，站在曹妃甸的面朝大海、春暖花开之地，潮平水阔，风帆高悬，前程似锦，碳中和目标下的绿色迁移之路正在通往澄澈的未来。

碳中和银行：建设银行的“千里江山，只此青绿”

建设银行河北省分行创新绿色金融模式，鼎力支持绿色清洁能源、冬奥会张家口场馆建设、北京大兴国际机场、乡村振兴与小微金融……

千里江山，只此青绿；美丽河北，京畿福地。

中国对世界庄严承诺：二氧化碳排放力争2030年前达到峰值，2060年前实现碳中和。银行业金融机构如何为我国实现“双碳”目标提供有力的绿色金融支持？建设银行河北省分行近年来不懈努力与探索绿色金融的创新实践，开拓了碳中和银行的新模式，值得金融业参考借鉴。

一、“建行蓝”辉映“生态绿”

“绿色金融 +”是银行业金融机构的鸿篇巨制，如何以创新的信贷之笔写好字里行间的金融支持，促进实体经济与绿色可持续发展，需要匠心独运的开拓创新。

建设银行河北省分行秉持绿色发展理念，不断提升在清洁能源、绿色建筑、绿色产业等领域的“含金量”，为服务河北省绿色低碳发展提供“建行方案”，在燕赵大地奏响了“建行蓝”辉映“生态绿”的交响乐章。

二、金融支持北京冬奥会张家口赛区

北京2022年冬奥会和冬残奥会成功举办，张家口市因承担了北京冬奥会的雪上赛事而成为奥运城市，举世瞩目，受到世界各地与社会各界的广泛关注。

建设银行河北省分行在国际大型赛事期间锐意创新，勇于先行先试，向承建冬季奥运会园区基础设施建设的供应商提供了为期 155 个月计 1645 万元固定资产贷款，用于支持北京奥运会张家口赛区的综合能源服务项目建设。受到建设银行绿色金融支持的张家口市企业，除了为京张奥园区提供清洁能源发电、热暖系统、水务系统等多元化基础设施建设，还提供规划设计、投资建设、运维等多样化增值服务。

建设银行河北省分行不仅及时解决了肩负冬奥基础设施重任的企业“急难愁盼”问题，还为未来全国同类综合能源建设项目开创了新思路、新途径、新模式。

三、金融支持清洁能源，助力可持续发展

实现“双碳”目标，能源行业的绿色转型是关键。近年来，以清洁能源、绿色电力为主导，满足终端客户多元化需求的综合能源服务模式与我国碳达峰、碳中和的要求非常契合，被列入我国“十四五”发展规划。

建设银行河北省分行积极实施母子协同，加强投贷联动，2021 年以私募基金形式向某动力电池公司出资 8 亿元，同时还为河北某能源集团办理 11 亿元风光新能源股权投资业务，获得了企业的高度认可。为了推动经济建设与空气质量双向发展，建设银行秦皇岛分行为某海上风电项目授信 29 亿元，助力京津冀地区雾霾与空气质量治理。

紧跟能源供给侧改革，建设银行河北省分行依托绿色金融综合服务优势，提供包括基本建设贷款、PPP 贷款等产品，为光伏发电、风力发电等清洁能源项目提供资金支撑，以“绿色金融”厚植深耕以清洁电力为代表的新能源领域，助力我国加速实现“双碳”目标。数据显示，自 2020 年以来，建设银行河北省分行已累计向清洁能源领域提供融资超过 188 亿元。

四、“居者优其屋”，金融支持绿色建筑

随着人们物质文化水平的提升，居住房屋也向“居者优其屋”的绿色住宅转轨升级，而这种可喜现象的背后也饱含了为其提供绿色信贷的一抹“建行蓝”。

绿色建筑作为低碳减排的重要抓手，并非普通的立体绿化、屋顶花园，而是特指对环境无害，充分利用环境资源，在不破坏环境基本生态平衡条件下建造的绿色健康生态建筑。在该领域，致力于“引领世界机场建设、打造全球空港标杆”的北京大兴机场堪称建筑典范，它是国内首个通过顶层设计、全过程研究、实现内部建筑全面深绿的机场，全场100%为绿色建筑，其中70%以上达到三星级绿色建筑，二星级及以上不低于90%，一星级100%。而建设银行河北省分行早在大兴机场建设期间，就富有远见地提供了基建贷款2.5亿元，而且所有债项均为绿色信贷。

海绵城市作为推动加速实现碳中和的重要方略，近年来亦因为其具有自然积存、渗透、净化功能等多种优势而成为新型城市建设理念和发展方式，海绵城市的地下综合管廊建设方兴未艾且竞争激烈。河北省唐山迁安市脱颖而出，成为全国首批16个海绵城市试点之一，也是唯一的一个县级试点城市。鉴于海绵城市建设项目的内容、范围等与传统城建项目迥异，而且无任何先例可循，建设银行河北省分行就积极探索新的产品模式，根据传统固定资产贷款的方法统筹推进并加以创新，为其授信7.73亿元，开创了全国首笔海绵城市建设固定资产贷款的先河。

在碳中和银行的创新探索方面，建设银行河北省分行以人为本，认为生态环境是近在身边的最普惠的民生福祉，以金融支持的方式实现了城市人居环境的提升，促进了社会经济与资源环境的“同频共振”。

五、“耕者优其田”，金融支持乡村振兴

问渠那得清如许，为有源头活水来。

乡村振兴，产业振兴是其重中之重。苹果红了，核桃摘了，村民富了，邢台内丘县富岗苹果和临城县绿岭核桃是河北农业大学教授、全国优秀共产党员、“太行新愚公”李保国生前精心培育的具有“中国驰名商标”称号的产品，均获得国家有机食品、绿色食品认证，并获国家地理标志产品保护。当这两家企业遭遇资金瓶颈，陷入缺乏足够抵押担保的困境时，建设银行河北省分行创新推出“林权抵押贷款”，累计为富岗发放流动贷款 1.4 亿元，累计向绿岭发放流动贷款 2.1 亿元，同时还利用善融商务平台和助村互助点，帮助企业开展网络销售。

建设银行河北省分行通过创新融资新模式，扶持产业龙头，支持特色农业发展，创新打造出了“金融、公司、特色产业、农户”助力乡村振兴的新路子、新模式。目前，富岗苹果已成为内丘县新的经济增长点，产业链条辐射石家庄、邢台等 14 个乡镇 369 个行政村，种植苹果 5 万亩；临城县 8 个乡镇的 138 个行政村种植面积达 21 万亩，带活了产业、带动了农民致富、促进了地方经济发展。

建设银行河北省分行通过细分产业特色，梳理全省 68 个县 88 个产业，从产业特点、企业经营痛点、上下链条企业需求等方面入手，不断创新推出基于系列大数据的特色产业“惠农贷”产品，如“吉羊云贷”“生姜贷”“蘑菇贷”“土豆贷”“金莲花贷”等，就像一道道“金融活水”，源源不断地滋润燕赵阡陌。截至 2021 年年末，全省支持农业特色贷授信客户 4.66 万户，授信金额达 33 亿元。同时，还在全省建设全覆盖的“裕农通”普惠金融服务点，发放 2 万台“裕农通”触摸大屏，“裕农通”注册用户达到 175 万户；已入驻农资、农机等各类企业 3.1 万家，累计为农民办理各类民生缴费 1078 万笔，系统第 1。

建设银行河北省分行先后被建设总行授予“优秀扶贫组织奖”“电商扶贫优秀组织奖”等荣誉称号，被河北省政府授予“河北省金融扶贫

优秀单位”等荣誉称号。

继往开来，薪火相传。建设银行河北省分行坚守初心，并以创新方式履行国有大行的责任，在支持绿色清洁能源、海绵城市和乡村振兴工作中畅通了“金融血脉”，绘就了蒸蒸日上的美好画卷。

我国碳中和银行的“千里江山图”，建设银行河北省分行奉上了生机盎然的“只此青绿”。

清锋科技："零碳产业链"模式加速碳中和

清锋科技数字化 3D 打印，工业互联网操作系统。

碳中和与人类命运息息相关，关乎产业转型升级、科技研发的创新突破以及经济社会的高质量可持续发展，碳中和的视角不应局限于新能源，应当扩展到更加全面的生活方式和生产方式。

2021 年 4 月，我国承诺力争 2030 年前实现碳达峰、2060 年前实现碳中和。"3060"双碳目标发动了前所未有的绿色革命，这是一场系统性的产业革命、科技革命、经济和社会变革。欧美国家从碳达峰到碳中和平均用了 60 年，而中国只有 30 年，中国必须拿出中国速度和创新精神，这意味着能源转型、产业升级、高质量发展等方略必须在短时间内以超常规的创新方式实现。

作为 3D 打印行业的领军，清锋科技以技术、产业、资本和全球化布局呈现出高质量发展的新经济图腾，以软件驱动硬件，以创新的数字技术赋能传统产业转型升级。以工业互联网操作系统搭建的新技术、新材料、新流程的"零碳产业链"模式，正在加速生产制造业的碳中和。

一、从 0 到 1，从创业到产业引领

清锋（北京）科技有限公司简称"清锋科技"，专注于 3D 打印软件、设备、材料研发，是致力于改变产品开发和生产方式的数字化 3D 智造商和为客户提供整体解决方案的 3D 打印规模化服务商。产品技术应用于运动产品、消费产品、齿科医疗、汽车行业和工业机器人等领域，团队成员会聚了清华大学、哈佛大学、剑桥大学、沃顿商学院、宾夕法尼亚大学、佐治亚理工学院等学府的高端技术人才和"学霸式"精

英高管。

清锋科技团队自主研发的适配于不同行业的高性能材料体系，依托自主研发的 Lux 系列打印机和配套软件，能够为医疗、工业以及消费品等行业创新升级提供解决方案，打造兼具定制化和批量化的新型数字化制造模式及生态闭环。

清锋科技创始人姚志锋毕业于清华大学，他在学习雕塑专业的过程中接触到 3D 打印并发现其在改善传统制造业方面的巨大潜力，所以毕业十年来，他在此领域继续深耕并将理论习得的空间结构、外观造型、设计创意等艺术修养融入对 3D 打印技术的极致追求中。

“让制造更简单”，清锋科技以此为宗旨的定制化、批量化、数字化、无人化的智能工厂和“零碳产业链”正在悄悄地掀起新产业革命风潮，以 3D 打印模式加速实现碳中和目标。

二、创新：新技术、新材料、新模式

万物皆可打印，而且非常精准。

火箭、飞机、无人机、汽车、校畸牙套、鞋子鞋垫、脊柱校形、厂房、船只、桥梁、电灯、玩具、家具、芯片、电路板，3D 打印的科技与制造芯片流程工艺一模一样，芯片打印指日可待，人体器官打印亦然。

万物互联的数字化时代，3D 打印作为颠覆性的前沿技术正在应用于越来越广泛的产业领域，成为数字化时代新生产方式的引领。清锋科技立足于“世界工厂”，自主研发和创新知识产权并应用于智慧化数字化工厂，以“零碳产业链”模式开拓制造业零碳之路，成为碳中和领域以高新技术为引领的更加务实高效的先锋。

清锋科技已经获得北极光创投、顺为资本、复星集团、KPCB、香港科技园创投基金、银润资本国内外投资机构的挹注投资。在头部资本鼎力支持下，清锋科技快速地将突破性的新技术和新材料落地到产业应用，从宁波建立第一期智能工厂、铺设多条生产线到批量化生产，清锋科技仅用了两年多的时间。目前，他们正在将新技术、新材料和成熟经验不断拓展到更多行业。

三、"零碳产业链"与工业互联网操作系统

一键生成，从订单到产品，从供给侧到需求端。

立足云计算，清锋科技集合智能工厂的打印机通过大数据、物联网、5G、AI 等技术，将布局在北美、欧洲、日本、东南亚等地的销售网络联结起来，端对端、点对点地面向更多 3D 打印受众，在 C2M 的应用模式下让更多的人可通过 PC、手机等终端，立刻、就近、1 ∶ 1 快速地实现自己的创意和想法。针对大批量、高时效的 3D 打印订单，引入机器人生产线的智能工厂将实现设备、材料的统一调度管理。

宁波数字工厂滑轨上的机器人手臂游弋于打印机之间，可以顺畅完成换料、取件等动作，快速达成电脑设置的各类行动指令。不久的将来，需要多人协同操作的 3D 打印车间，在引进机器人后可以 24 小时作业，实现真正的自动化"黑灯工厂"。

未来已来。清锋科技以大数据为基础，利用智能云平台集成医疗、消费品、汽车、航空航天等多行业和多维度的"智造"生产线，让 3D 打印实现更多的应用场景，让设计师能天马行空地提出自己的超前概念，让普通人都可以用手机在家或办公室电脑前实现自己的创意想法，让人类与高精尖的前沿科技接触得更直接、更紧密。

供给侧改革，需求端升级。数字化、无人化智慧工厂可以按照订单，快速、科学、集约、敏捷地就近安排工厂，分布式生产节约了能源，增材制造节约了原材料，就近生产节约了物流配送，无人化数字工厂节约了人工，从预订、结算、材料、设计、生产到物流等全流程的管理平台成为超算中心，亦成为名副其实的工业互联网操作系统。

"零碳产业链"模式随之成形，节约生产材料、减少生产流程、缩短物流配送、节省生产能源、节省大量人工、生产环节和制造流程至少节约 1/3，绿色生产和清洁生产的新产业革命正在悄然发生。

四、碳中和时代：新产业革命向世界提供解决方案

人工智能是人工经验的不断累积并且在此基础上的由繁到简，以软件集成不断简单化硬件生产，通过不断优化软件而迭代硬件，通过不断增长经验的机器学习从而“让制造更简单”。

由繁到简，集零为整，把不可能变为可能。通过多种技术叠加的软件集成，从抽象到具象的敏捷式任务分发与生产管理，以人工智能精准高效地驱动硬件，寓制造于数字化的无人工厂，如此便渐渐形成了工业互联网操作系统。这在某种程度上是生产方式的重要变革，甚至可以称其为新时代的工业革命。3D 打印蓝图下的敏捷操作系统和零碳芯片，正在成为清锋科技积极探索的新机遇、新蓝图、新挑战。

零碳目标，意味着把浪费降到最低。清锋科技的 3D 打印重新定义生产，从订单、生产、存储、运输等各个环节和流程进行数字化转型，让需求与供给的匹配更精准、更快捷、更科学。通过工业互联网系统的敏捷制造做到以最快速度响应并满足需求，把中间环节和原材料浪费降到最低；及时制与 ERP 同步实现分布式生产，不再是集中在一个地方、一家公司、一个集中式的传统工厂；工业生产的系统集成代表着生产流程数字化、敏捷化、智能化、标准化、简单化。定制，意味着精准化；规模，意味着标准化。通过敏捷的工业互联网操作系统的大数据算法，分门别类、就近生产、成本最低、路途最近、产品归集与物流配送最优等，最高限度、最精准地实现满足需求的多快好省。

清锋科技的工业互联网操作系统，解决了传统生产方式中的烦琐细节，用技术解决了劳动密集型作业和大规模用工问题。节约的原材料、生产环节、管理层级、物流运输和人工成本等于广义碳减排。随着产供销环节的不断简减、生产流程的不断优化、技术不断迭代升级，上下游产业链和生产管理流程就无限接近“零碳产业链”，从而加快了碳中和节奏。

“零碳产业链”的运行过程是无限接近“零碳”生产，是以大数据

和云计算科学解决产供求关系的过程，是不断简化优化产业链和供应链的过程。3D 打印技术梳理过的生产过程其实就是物理化学反应，是经过整合多方资源和不同领域的软件和硬件技术之后，给出的智能化、数字化解决方案，其中包括不限于化学、电机、系统、机械、自动化控制、热学、排放、物联网、人工智能甚至美学等多个专业。

在北京总部基础上，公司在宁波、台北、香港和美国硅谷建立了智能工厂、分公司和办公室，全球化阵容初步形成。从概念到生产，从技术与应用，核心技术与弹性材料研发已经做到世界数一数二，清锋科技不同之处在于突破了行业、地域和时间的限制，秉承“让制造更简单”的愿景，以技术赋能各行各业并提供完整的解决方案。

从科学到美学，从需求到供给，从技术到产业，为资本带来创新价值，为产业赋以数字智能，被行业拥护和被资本追捧的清锋科技，正在以创新创业的美学新势力把行业带到新高度，亦成为碳中和领域成功的 ESG。

正谷：碳中和目标的有机农业专家

在充满不确定性的疫情常态化时期，要以正确的生产生活方式面对“双碳”目标与“3060”时间表。

IPCC 在其 2018 年的一份研究报告中指出，全球主要的温室气体中，二氧化碳占 63%，甲烷占 15%，一氧化二氮占 4%，其他占 18%。根据 IPCC 第五次评估报告，21%~37% 的温室气体排放总量可归因于食品系统。这些温室气体排放来源于农业和土地利用、存储、运输、包装、加工、零售和消费环节。其中，种植和养殖排放占比为 9%~14%，土地利用变化（包括森林砍伐和泥炭地退化）占比为 5%~14%，5%~10% 来自供应链活动。

经济合作与发展组织（OECD）和联合国粮食及农业组织（FAO）联合发布的《OECD–FAO 农业展望报告 2020—2029》，预计人口增加到 100 亿时，与食品相关的温室气体排放将增加 2/3。

因此，从食物供应与农业生产环节实现碳中和具有积极的意义。有机农业作为现代社会重要的产业形态，其社会、环境、哲学价值被进一步挖掘，并得到了愈来愈多的重视。有机农业的四原则健康（health）、生态（ecology）、公平（fairness）、关爱（care），充分诠释了其在各个价值维度所能发挥的作用：有机农业始终将人类发展与自然生态环境发展当作不可分割的整体，生物的营养和健康来自特定的生态环境，个体、群体的健康与生态系统的健康密切相关。

一、有机农业助力碳中和

有机农业的核心是建立和恢复农业生态系统的生物多样性和良性循

环，以促进农业的可持续发展。

农业活动中，化肥、农药的生产与使用是温室气体排放源的主要组成部分。一氧化二氮的排放与化肥的施用直接相关，有机农业模式在实际生产过程中使用有机肥替代化肥，可以降低一氧化二氮的排放。而化肥的使用量下降，则在生产端降低了煤的使用（煤既是原料也是燃料），因此有机农业在碳减排过程中具有双重价值。

根据 IPCC 建议，89% 的农业温室气体减排潜力在于提高土壤固碳水平。与常规农田相比，有机农业模式下的每单位面积土壤碳固存量至少增加了一倍。瑞士有机农业研究所（FiBL）的研究也表明，有机农业具有土壤固碳的能力。

法国智库永续发展与国际关系研究所（IDDRI）的一份报告，评估了在 2050 年欧洲农业向农业生态过渡的情境中减少农业温室气体排放的潜力，预估每年可减少 38 万吨杀虫剂的投入，进而使欧洲农业温室气体排放量减少 47%。

欧盟将发展有机农业作为 2050 年碳中和净零目标的重要举措。2020 年《欧洲绿色协议》中提出 2030 年前构建可持续食品体系，到 2030 年欧盟有机农业用地占比从 2019 年的 8.1% 增加到 25%。欧盟委员会发布的有机农业发展行动计划，将在 2023—2027 年从欧洲公共农业政策的预算中争取 380 亿 ~580 亿欧元用于加快有机农业发展速度。

二、正谷的有机农业实践：呈上自然美味，表达美好情感

作为有机食品行业的践行者，正谷成立于 2007 年。正谷创立之初，中国的有机产业尚处于初步发展阶段，机遇与挑战并存。随着商业实践的不断推进，在环球范围优势产区建立正谷标准合作农场，进行有机生产实践，分享从田间到餐桌的优质自然美味，正是正谷进行价值创造的基础。以有机食品卡为企业客户提供礼品解决方案，呈上自然美味，表达美好情感。

对产地选择、种植生产、质量控制、产品追溯等环节严格管理，分

享优质的食物：丹麦有机奶酪、西班牙伊比利亚火腿、哥伦比亚瑰夏咖啡、瑞士海盐黑巧克力、以正谷标准农场食材为原料的有机米粽……正谷在商业实践过程中，关注产品的碳足迹，并将碳中和作为业务发展的需求之一进行价值创新，在实现碳减排的基础上，通过核算产品从生产到配送的碳排放总量，以清洁能源项目进行碳补偿，最终实现净零排放。

正谷瑞士海盐黑巧克力，以生长于亚马孙河秘鲁支流流域的特立尼达可可豆为原料，于 2012 年实现净零排放，对生产过程的每个环节所产生的碳排放进行追溯，并计算二氧化碳排放总量，采用改变耗能、植树造林等方式抵消对环境造成的负面影响。2021 年，正谷卡与正谷标准农场所有产品均实现了碳中和认证。

可持续咖啡生产与消费，能够帮助实现联合国 2030 年可持续发展目标：消除贫穷、清洁水源、推动负责任的消费与生产……正谷 Cavell 咖啡致力于在帮助庄园咖啡提高品质的同时，推进长期可持续的咖啡种植，提高社会、经济和环境保护的标准。

正谷全球有机价值链的建设，不仅有利于不同国家和地区相互学习，提升有机农业生产技术，跟进国内外的行业情况和动向，还有利于人们从其他国家的文化、道德、社会意识等多个角度，全面地看待人与自然、人与食物的关系，关注地球环境的平衡发展。正谷目前拥有 2 万多个企业客户，累计为 120 万个家庭提供有机食品配送服务。通过正谷卡的分享与传递，不断地与更多的可持续伙伴交流有机农业“健康、生态、公平、关爱”的内涵，并在交流中达成更多的共识，共同关注食物健康，重视环境保护。

三、素履以往，见素抱朴

国际有机农业联盟（IFOAM–OI）是全球最大的有机农业组织，作为 IFOAM–OI 全球合作伙伴，正谷在商业实践的过程中，同样重视加强有机信息的共享与交流，助力中国与世界有机发展。

自2012年起，正谷连续十年将瑞士有机农业研究所编著的*The World of Organic Agriculture Statistics and Emerging Trends*翻译为中文版的《世界有机农业概况和趋势预测》(以下简称《趋势》)，这本国际有机行业的白皮书，为期望了解有机行业发展的国内人士提供了途径。2022年2月15日，正谷同步德国BIOFACH对《趋势》中文版进行全球首发。

正谷同联合国环境规划署、世界自然基金会、国际有机农业联盟、瑞士有机农业研究所等组织机构持续合作，共同推广可持续理念，推动国内有机行业的发展。

2020年2月，结合多年有机商业实践经验，由正谷有机农业技术中心组织编写的《有机农业在中国(2020)》英文版在由国际有机农业联盟主办的“国际有机市场概览”(GLobal Organic Market Overview)论坛首发，旨在与更多国际同行及来自世界热爱有机食品的读者们介绍与分享中国有机农业的发展经历、中国的有机标准与法规、有机农业在中国的发展机遇及预测等，并期望未来能够推动国际与中国有机标准互相认可。

正谷的商业模式离不开正谷卡背后的价值经营：健康、生态、公平、关爱……为客户提供高价值的产品与服务是正谷的商业使命，以“有机礼品”分享关爱，而关爱所涉及的人与人、人与自然关系的深刻内涵，逐渐形成了广泛的共识，有机事业的发展未来可期。

中国石化：碳中和时代的新经济图景[①]

2022年新书《创见》带给我们的启发：新经济不仅仅是经济现象和技术现象，而是由技术到经济的演进范式、虚拟经济到实体经济的生成连接、资本与技术深度结合、科技创新与制度创新相互作用的经济形态。碳中和背景下，创新经济赋能碳中和。

一、新经济：聚焦构建“一基两翼三新”产业格局

2016年3月，“新经济”一词被正式写入政府工作报告。报告指出，当前我国发展正处于这样一个关键时期，必须培育壮大新动能，加快发展新经济。新经济不仅是一种经济现象，也不完全是一种技术现象，而是一种由技术到经济的演进范式、虚拟经济到实体经济的生成连接、资本与技术深度结合、科技创新与制度创新相互作用的经济形态。

2022年1月，中国石化集团公司董事长、党组书记马永生在年度工作会议报告中强调，我们必须抢抓机遇、直面挑战，聚焦构建“一基两翼三新”产业格局，加快全产业链升级改造，全力锻长板补短板占先机，推动竞争实力大跃升。其中的“三新”，即新能源、新材料、新经济，是面向未来的新型业态，也是我们在打造世界领先洁净能源化工公司的进程中需要认真思考和研究的。

《创见》给我们提供了一个视角来深入观察当前新经济领域中最活跃的创业公司，并获得启发，助力我们更好地构建“一基两翼三新”的

① 本文内容为中国石化集团王晨光、田元武结合所在部门与本职工作对《创见》第1章“创新经济与碳中和”的解析。

产业格局。本书主要是作者对于数十家来自各个领域的创业公司高管的访谈，涵盖创意萌生、市场调研、团队组建、研发生产、市场销售、投资融资等不同阶段。借助书中一幅幅生动的创业图景，我们可以了解他们创业的心路历程。读完此书后，结合中国石化新经济的展望，我有以下启发。

1. 新经济

在新一代信息技术革命、新工业革命及制造业与服务业融合发展的背景下，新经济是以现代信息技术和应用为基础，以市场需求为根本导向，以技术创新、产业创新、业态创新和模式创新为内核相互融合，而形成新的经济形态。

新经济包括新技术、新产业、新业态和新模式等相互促进和相互融合的四个部分。新技术、新产业的发展，如云计算 / 大数据、电动汽车等，不仅能够促进现有经营模式的改良升级，而且能够催生出新的商业模式，比如在线办公和超级快充等。反过来，新模式也促进了新技术、新产业的市场应用，并帮助企业获得利润。新模式的大规模出现，形成了新的业态，比如《创见》中提到，电动汽车智能插座的新模式产生了“错峰平衡、自带交易”的新业态。

2. 新技术

大数据、人工智能、工业互联网、3D 打印、5G、云计算、边缘计算、数字孪生、机器人、可穿戴设备、区块链……

新技术即能够替代升级传统技术应用并具有一定市场前景的新一代技术。在数字经济快速发展的背景下，新技术的发展是一个发现、试行、应用和迭代的过程。除了少部分具有顶尖科技研发能力的企业，对于大部分企业来说，颠覆式的技术创新可遇不可求，而渐进式的应用创新则是能够做到的。同时，对于所有企业，都需要重点关注应用创新，以实现新技术与原有业务的协同发展，避免简单的新瓶装旧酒而导致换汤不换药。

对于石化企业，新技术的关键是要瞄准技术、数据、应用和解决方案，这是决定其能否成功落地的核心因素。一方面，随着《石化智云工业互联网白皮书 1.0》的发布等，我们逐渐构建了面向石油石化行业的新技术体系；另一方面，随着新技术的广泛与深入应用，新技术与石油石化主营业务的融合将会更加紧密。《创见》指出，要实现新技术的真正落地和不断赋能，必须让新技术更加理解业务知识。随着数字化转型的深入，人工智能、大数据等技术的应用有望从生产运行场景扩展至辅助决策等经营管理场景，在这个过程中，必须借助更懂业务的智慧大脑。

3. 新产业

碳中和、氢能、光伏、充换电、节能环保、新零售……

新产业的出现来源于新技术、依托于新需求，表现为传统产业的重大变革。新产业具体有三种典型的表现形式：一是由新技术直接催生的新产业；二是利用新技术改造升级传统产业而延伸的新产业；三是将新技术推广应用，推动传统产业分化裂变、升级换代、跨界融合而衍生的新产业。新产业的三种表现形式随着新技术应用程度的变化而变化，互相之间并没有明显的界限。

碳达峰、碳中和是一个宏伟壮丽的绿色发展战略，不仅关乎产业转型升级、科技创新突破及经济社会的高质量可持续发展，还与全人类的未来发展空间、人类命运共同体的构建息息相关。对于中国石化而言，一方面，作为传统能源行业，必须实现节能减排、转型升级；另一方面，正如《创见》中所说，我们应当把“双碳”战略扩展到更广泛的生产和生活方式中。例如，大力实施碳捕捉利用与封存、积极参与碳交易，同时利用遍布全国的油田、炼厂、油库、加油站、研究院等，探索更加多元化的减碳路径和模式。

4. 新模式

孵化器、产学研、平台生态、服务外包、共享托盘、无感加油、跨界融合、直播购物……

新模式是以市场需求为中心，打破原有价值链，实现产业要素的重组和商业模式的重构。新模式之“新”主要体现于新的商业模式，其出现能够打破并优化原有的产业链、供应链及价值链，实现传统产业要素重新高效的组合。典型的表现为通过新一代信息技术与产业创新融合，提供更加灵活、便捷、贴心的个性化服务，打破传统制造业与服务业的界限，实现设计、研发、制造、生产、营销一条龙。

人才是中国石化的核心竞争力之一，内部孵化的方式能够较好地发挥人才的潜力。通过对创业公司成功模式的研究，《创见》总结了一个成功的孵化器和加速器运营模式，即“创业导师 + 专业孵化 + 天使投资”。我们可以借鉴这种模式，在内部开展与岗位职责密切相关的微创业，引导员工，特别是有想法、有能力、有精力的青年员工，进一步发挥专业所长。

还需要关注的领域是长尾收益，即当主营业务进入稳定发展阶段之后，其他相关的业务场景会随之发生变化，各种微创新和相应的潜在收益会越来越多。在数字化时代，场景不是一个简单的名词，而是对人与商业之间连接的重构，未来的生活图谱将由场景定义，未来的商业生态也由场景搭建。例如，随着 App、小程序等渠道积累的线上用户数量的增加，我们已经初步构建了私域流量，因此可与外部合作伙伴进行跨界融合、直播购物等，进一步服务用户、提升效益。

5. 新业态

电子商务（工业品、大宗商品、跨境贸易）、金融科技（互联网金融、消费金融、碳金融等）、智慧出行（保险、餐饮、住宿、汽服）、智慧物流……

新业态是伴随新技术和新产业应用，由原有业态衍生的新环节和新活动。新业态是对原有业务流程的创造性变革，是业态创新的结果。它将新技术和新产业转化为新产品、新管理和新服务，并通过新的组织模式创造出新的市场价值。一些经济活动超越传统的组织、经营和运作模式，并形成一定的经济规模，就会构成比较稳定的新业态。

近年来，金融科技从萌生到快速发展，再到行业整合，产生了聚合支付、互联网金融、消费金融等多种业态。随着油气氢电服综合能源服务商的建设，我们可以围绕“人·车·生活”打造出更多新业态，更好地满足人民群众驾车出行的需求。同时，《创见》也提醒我们，对于层出不穷的新事物，我们要意识到机遇和风险是并存的，并着力控制好经营风险。

6. 新经济的未来发展图景

读完《创见》，脑海中已经可以浮现出新经济的未来发展图景。作为一种新型发展模式，新经济相比传统经济形态，具有独特而显著的特点。

一是实时性，新经济的创新点来源于最新技术和产业动态，来源于市场投资的最新热点领域，具有高度的实时性；二是融合性，新技术、新产业、新业态、新模式四个方面不是相互独立的，而是在内容和形态方面相互渗透和融合，共同促进经济的高质量发展；三是轻资产性，新经济的核心是新技术的研发、创新、应用与转化，更多依靠的是研发人员的人力资本，而不是设备、土地等重资产要素；四是需求导向性，新经济的发展以客户为中心、以业务为驱动，能够把握消费升级的趋势和方向，因而具有较大的发展潜力和市场前景；五是动态变化性，新经济的内容和形态不是一成不变的，也不是缓慢变化的，而是会随着最新技术和模式的突破应用发生快速变化。

随着数字经济的快速发展和数字化转型的深入，可以预见，未来的经济形态将会持续迭代，市场竞争也会愈加激烈。因此，我们需要认真思考和研究新经济与传统业务的结合点，并提前布局、迎接挑战，助力构建“一基两翼三新”的产业格局、打造世界领先的洁净能源化工公司。

二、“双碳”目标：创新经济赋能碳中和

《创见》荟萃了作者张闻素近十年以来，经过调查研究继而梳理成文的，关于近百家新型新锐经济体创新创业的行业特征、成功经验、拓荒教训及辉煌业绩，揭示了我国当前在高质量发展、可持续发展、双循环、碳达峰碳中和的宏观背景下，大型企业产业升级与数字化转型成为可持续发展的必由之路。

书中呈现的创新经济体系拼图，将帮助我们认识到21世纪创新本质，减少创新盲从和创新泡沫，实现从创意、创新到创业繁荣，更有助于企业围绕关键核心技术攻关，解决“卡脖子”问题，并催生更多的新需求、新业态、新模式。作者希望该书内容成为中国式“从0到1”的创业版序曲，形象地将其称为创业版“兰亭集序”。

1. 以碳中和为目标的零碳产业链

我国明确碳达峰碳中和目标，意味着我国更加坚定地贯彻新发展理念、构建新发展格局，推进产业转型升级，走绿色、低碳、循环的发展路径，实现高质量发展。

作者在书中指出，碳中和这个宏伟壮丽而又路途漫漫的发展战略，不仅关乎产业转型升级、科技创新突破及经济社会的高质量可持续发展，还与全人类的命运息息相关。作者以作为3D打印行业领军企业的清锋科技的技术、产业、资本及全球布局的方法论和世界观为例，呈现出以零碳产业链为表征的产业革命新图腾。

立足于“世界工厂”的清锋科技，以零碳产业链模式引领开拓工业制造领域的零碳目标之路。在以清锋科技为代表的创新型企业引领下，我们从供给侧改革到需求端升级，数字化、无人化智能工厂可以按照订

单，快速、科学、敏捷、就近集约安排生产，以碳中和为目标的零碳产业链已具雏形。当前，零碳产业面临着巨大的经济机遇，而碳捕集、利用与碳封存技术是关键，如果不能从源头消除碳排放，那么就必须以间接方式去减碳。

中国石化是碳中和的主力军，更是目前我国相关企业迈进零碳产业链模式的先锋队。2022年1月29日，我国首个百万吨级CCUS项目——中国石化所属齐鲁石化—胜利油田CCUS项目全面建成。这是目前国内最大的CCUS全产业链示范基地和标杆工程，对我国CCUS规模化发展具有重大的示范效应，对搭建人工碳循环模式、增强我国碳减排能力具有重要意义。

工程建设领域，中国石化也在聚焦项目建设的低碳化施工。以打造项目建设绿色工地为开端，通过研发智能化机械加工逐步代替传统乙炔—氧气切割、减少施工现场大型机械设备尾气排放等方式，在工程建设领域助力中国石化加速碳中和步伐。这进一步彰显了中国石化以全球化视角和新产业革命思维不断创新生产方式，以无限接近零碳产业链的社会公益思路和追求碳中和的信心和决心。

2.“能源+信息”的融合创新

在书中，作者也瞄准了碳中和与创新经济中的另一条关键线路，即电网与工业互联网的融合创新，案例是清华大学能源互联网创新研究院孵化的今电能源公司。

“能源+信息”，是全球加速实现碳中和的管理秘籍。作者认为，能源互联网化将是能源领域系列“卡脖子”问题的一个解决途径。电网与工业互联网的融合创新及传统能源管理的数字化转型势在必行。

我国向世界承诺在2030年前实现碳达峰、2060年前实现碳中和，而之后中国总能耗超过80%将由电力为代表的清洁能源提供。众所周知，电力作为最方便的二次能源，具有即产即用的特点，其本身存储难度大，存储成本高。利用互联网思维、信息化工具和电动汽车电池储能及分布式储能的思路与方法，将是解决电力系统能源管理和布局新型电力系统架构的重要切入口和契机，对于加速实现碳中和目标具有重要意义。

作者在书中详细介绍了今电能源公司能源管理科学化的视角，零售电领域的数字化、智能化、分布式的布局探索，创建了电网与互联网的深度融合模式，值得能源行业思考和借鉴。当前，我国和世界其他一些国家共同提出了能源革命，构建清洁低碳、安全高效的现代能源体系。在推进加快实现碳中和目标的道路上，中国石化也和今电能源公司一样，将以电力、氢能为代表的清洁能源应用纳入构建创新经济体系的拼图中。

中国石化积极发展光伏发电、风电和充换电业务，为高质量发展培育新增长极，截至 2021 年年底，销售企业累计建成分布式光伏站点 1253 座。中国石化还加快推进充换电网点建设，以北京、上海等重点城市为突破口，探索场地租赁、服务分成等商业模式，到 2021 年年底共建成充电站 1212 座、换电站 83 座。中国石化还全力推进可再生能源制绿氢项目，全方位构建氢能供应链。2021 年 11 月 30 日，全球在建的最大光伏绿氢生产项目、我国首个万吨级光伏绿氢示范项目——中国石化新疆库车绿氢示范项目启动建设，投产后将为扩展绿氢应用场景、全面提升绿氢产业整体发展质量注入强劲动力。

从电能到氢能，中国石化与今电能源公司所构建的创新经济体系拼图是一脉相传的，都是坚持以经济社会发展全面绿色转型为引领，以能源绿色低碳发展为关键，坚定不移地走生态优先、绿色低碳的高质量发展道路。

聚焦前景广阔的碳中和与创新经济，从我国首个百万吨级 CCUS 项目全面建成到光伏发电，从万吨级光伏绿氢示范项目到北京冬奥会以氢燃料为主的“飞扬”火炬圣火，中国石化已经奏响了中国式“从 0 到 1”的“零碳产业链”的创业版序曲。

碳中和奥运会

2008年北京奥运会在很多方面就基本达到碳中和，2022年北京冬奥会成为全世界首个真正实现碳中和的奥运赛事。

面对全球气候及奥运会的资源调动等问题，国际奥委会多年来鼓励和推动全球主办城市举办更低碳可持续的奥运会。

2022年北京冬奥会创造了两个“第一”：北京成为目前唯一同时举办过夏季和冬季奥运会的城市，同时，本届奥运会首次实现碳中和。

在北京冬奥会公布的绿色行动方案中，共有18项减碳措施，还有7项碳中和措施：通过重新利用2008年夏季奥运会和其他体育赛事使用的7个场馆来降低本届奥运会的影响，水立方改造成“冰立方”冰壶场；13座新建的建筑都获得了中国绿色建筑认证体系的最高评级，另外五个是临时建筑，因此碳足迹非常有限；由于疫情取消门票销售，旅游和住宿行业本来可能产生的二氧化碳减少了50多万吨；首届使用天然二氧化碳而不是合成的氢氟碳制冷剂为滑冰场馆降温的奥运会，最多可节省26000吨的碳；延庆和张家口冬季寒冷，但降水量很少，所以中国不得不从其他地区抽水来造雪，抽水造雪所产生的二氧化碳不会超过3000吨；为所有25个奥运场馆提供可再生能源电力，通过新建电网重新引导风能和太阳能；建筑和航空旅行的排放的抵消措施是种植了约6000万棵树，包括白桦树、橡树和银杏，减少约110万吨的二氧化碳排放，奥运会赞助商贡献了另外60万吨的碳抵消。

2008年北京奥运会在很多方面基本达到碳中和。联合国环境规划署在前一年发布针对北京奥运会的环境审查报告时建议“北京奥组委公开宣布关于气候变化和温室气体消抵的承诺”。我国政府部门从此着手测算北京奥运会温室气体的排放和消抵情况，来自世界各地的观众、运动员等增加的排放大概是 118 万吨二氧化碳当量。“绿色奥运”采取的系列措施包括科技手段以及植树造林，车辆控制等可以减少碳排放 129 万吨左右，使排放达到基本平衡。事实上，奥运会期间北京的空气质量达到了十年来的最好水平。北京奥运会温室气体消抵措施中，最有效的是近两个月的机动车单双号限行措施，可减少碳排放 85 万吨以上。

2008 年北京奥运会刚结束，英国驻华大使馆就发布新闻称 2012 年伦敦奥运会将成为“可持续的”奥运会，并设定既能降低对气候变化的影响又能更好地适应气候变化的新标准。

2006 年的都灵冬奥会和德国世界杯足球赛已经在保护气候方面作出表率。其中，根据联合国环境规划署 2006 年 11 月发布的环境评估报告，都灵冬奥会带来了超过 10 万吨二氧化碳当量的排放，其中近 70% 的排放已被抵消，措施包括在意大利投入节能和可再生能源项目、在肯尼亚植树造林等。德国足球世界杯组委会的报告显示，该项赛事共产生约 9.2 万吨二氧化碳当量的排放，而通过在印度和南非支持清洁能源项目等，抵消了约 10 万吨，成为首个实现碳中和的足球世界杯。

北京奥运会使公众气候变化意识明显提高，一些非政府组织也将北京奥运会看作推进气候保护的绝佳机会。例如，美国环保协会中国项目办公室与中国国际民间组织合作促进会、北京奥组委等合作，推出了“绿色出行”项目，鼓励市民和企业员工出行乘坐公共交通工具、拼车等。参与者还可通过“碳路行动网上计算器”，计算每次绿色出行减少的温室气体排放量。

2010 年温哥华冬奥会一方面推行公共交通、更多地采用氢动力，另一方面通过和绿色能源机构合作，在全球开展低碳项目建设；2014 年索契冬奥会对场馆进行了特殊设计，采用透明玻璃结构节约能源；2018 年平昌冬奥会在采用绿色建筑、使用清洁能源的基础上还建设了温室气体监测系统并发布碳管理报告。2019 年，北京冬奥组委会专门研究制定了《北京2022年冬奥会和冬残奥会低碳管理工作方案》，确定了18项碳减排措施和7项碳中和措施。

奥运会作为世界上最大的体育活动之一，兴建场馆、举行比赛、各种运维等都会消耗大量资源，产生碳排放，尤其是冬奥会赛场的冰雪转换等工作，相比夏季奥运会会产生更多的碳排放。对此，北京向全世界庄严承诺：实现碳排放全部中和，北京冬奥会将成为首个真正实现碳中和的奥运赛事。

2022年，北京冬奥会从能源、建筑、交通、碳汇四个方面发力，通过人工智能、5G等前沿技术实现碳排放全部中和。

在碳减排方面，积极推动低碳能源技术示范项目，包括张北柔性直流电网试验示范工程和场馆常规电力消费需求综合实现100%可再生能源；加强低碳场馆建设管理方面，建设赛区超低能耗低碳示范工程、推动场馆低碳节能建设与改造、加强建筑材料低碳采购和回收利用、推进场馆运行能耗和碳排放智能化管理、提高制冰造雪效率、强化废弃物回收利用管理；建设低碳交通体系方面，不同赛区间的转运充分利用高铁，综合利用智能交通系统和管理措施，赛事举办期间交通服务基本实现清洁能源供应，大力发展绿色低碳出行模式，在交通设施建设过程中使用低碳工程技术；北京冬奥组委会率先行动，开展废旧厂房综合利用、充分利用可再生能源、大力推行低碳办公、积极倡导低碳出行、倡导观众低碳观赛行为。

在碳中和方面，积极开展北京市林业固碳（北京市造林绿化增汇工程），张家口市林业固碳（京冀生态水源保护林建设工程），涉奥企业自主行动，碳普惠制项目，100%绿色供电、二氧化碳清洁制冰。北京在冬奥绿色生态建设中连夺“金牌”。

绿色电网是北京冬奥会低碳方面的绚丽亮点，张北柔性直流电网等低碳能源示范项目可以实现奥运史上首次全部场馆被城市绿色电网全覆盖。其示范工程已于2019年投入运行，采用世界上最先进的柔性直流电网新技术，将张家口地区可再生能源安全高效地输送至北京市，全面满足北京和张家口地区冬奥场馆的用电需求。同时，建立跨区域绿电交易机制，通过绿电交易平台实现所有场馆100%使用绿色电力。

低碳制冷制冰，能源循环利用。制冷过程中产生的大量高品质余热可回收再利用，相比传统方式效能提升30%~40%。北京冬奥会大规模采用全球变暖潜能值（GWP）为1的二氧化碳环保型制冷剂进行制冰，这在奥运历史中尚属首次。国家速滑馆、首都体育馆及五棵松冰上运动中心3个场馆共建设7块二氧化碳冰面，冰面温差控制在0.5℃以内，碳排放趋近于零。

雪上场馆，绿色建筑。北京冬奥会所有新建室内场馆全部达到绿色建筑三星级标准，既有场馆通过节能改造达到绿色建筑二星级标准。北京冬奥组委会制定了《绿色雪上运动场馆评价标准》，这是我国首个绿色雪上运动场馆评价标准，填补了国内、国际相关标准的空白，将是北京冬奥会在规划建设领域中的一项重要的奥运遗产，对我国今后雪上场馆建设具有先进的节能低碳指导意义。

“智慧大脑”+能源管控中心，全景式监控让能源消耗更低。确保北京冬奥会三大赛区25个场馆的绿色电能供应由北京冬奥电力运行保障指挥平台支撑，它是保证全部场馆绿电供应的“智慧大脑”，共接入国家电网公司北京电力的29个业务系统，涉及绿电、物资、保障等187项指标数据，通过运用数字孪生、知识图谱、智能语音等技术，可实时、全景式监控场馆内电力情况。张家口冬奥保障指挥中心主要负责保障本区绿电供应。该平台由国家电网公司冀北电力通过开发六大核心功能、构建七大主题场景、融汇13套系统数据集成，运用5G、智慧物联等技术，实时感知关联设备运行状态和内外部环境，辅助相关人员总揽全局、快速决策。

北京冬奥会还专门在北京及延庆赛区10个场馆建设能源管控中心，实时监测场馆中电、气、水、热等能源的使用情况，利用大数据、人工智能等技术，完成建筑能耗、碳排放监测等可视化管理，从而减少能源消耗。

冬奥场馆内还部署了智能建筑操作系统，该系统包含建筑碳排放智慧管理平台，基于5G和AI等技术，可实现对单个或多个建筑进行多维度实时在线监测与核算分析、碳资产额度管理、引导节能减排技术应用等碳排放管理功能，实现整个冬奥村实时态势全面感知。

优化交通运行管理系统，打造“冬奥绿色低碳公共交通网”。北京冬奥会共设3个赛区，赛区内交通、赛区和市区间交通同样确保更加绿色低碳。随着地铁11号线开通，北京赛区所有场馆实现地铁覆盖。通过京张高铁延庆支线，从北京北站至延庆站不到40分钟，从延庆站乘摆渡车30分钟内即可直达延庆赛区各赛场。延庆赛区内11条索道，为运动员提供高山交通网络，从小海陀山山脚下的延庆冬奥村抵达海拔2198米的国家高山滑雪中心出发区仅需30分钟。至此，“冬奥绿色低碳公共交通网”已建成。

京冀、京张一体化，京张高铁、京礼高速相继建成，延庆、张家口正式步入首都“一小时交通圈”。赛区交通服务基本实现清洁能源供应，80辆氢燃料电池汽车和700余辆氢燃料大巴车提供交通保障。

场馆的智慧化、数字化升级也有助于提高交通运输效率，降低碳排放。通过数字孪生系统可动态采集相关设备运行情况、周边道路人流情况，使数字建筑和城市交通系统联通，基于人工智能形成最优的解决方案，提升附近车辆的交通燃油效益。

北京冬奥组委会倡导绿色出行，上线了“低碳冬奥”小程序，利用数字技术记录用户日常生活中的低碳行为轨迹，鼓励和引导公众参与绿色低碳生活。人们可以通过选择公交、地铁、骑行等绿色出行方式来获得积分，兑换低碳证书和礼品。

本章结语

高质量发展，一二三产业融合发展，区域经济协同发展，集约化推波助力“碳中和”。

京津冀协同发展国家战略宏观背景之下的首钢集团“中国钢铁梦工厂”与我国最早、规模最大的绿色健康低碳建筑群“首堂·创业家”已是成功典范，渤海湾也以加速创新的产城融合阵容和无限憧憬，正式展开了即将成为继纽约湾区、东京湾区、旧金山湾区、粤港澳大湾区之后的世界未来第五大湾区的想象。

碳中和银行，绿色金融、小微金融、乡村振兴金融是“千里江山，只此青绿”的重要支撑：建设银行河北省分行的创新绿色金融模式包括但不限于鼎力支持绿色清洁能源、冬奥会张家口场馆建设、北京大兴国际机场，乡村振兴与小微金融等优秀案例值得行业借鉴；清锋科技数字化 3D 打印开启了工业互联网操作系统加速碳中和的进程；有机农业助力碳中和，正谷集团的成功案例是对标欧盟标准的优秀示范；中国石化已经奏响了科技创新中国式“从 0 到 1”、碳中和“从 1 到 0”的“零碳产业链”创业版序曲。

第九章
我与碳中和

碳中和与人中和，要兼具：物尽其用、人尽其才、地尽其利，这是人与自然最为和谐美好的样子。

物尽其用

《朱子家训》千年之前就阐释了朴素的碳中和思想；物尽其用、人尽其才、地尽其利，这是人与自然最为和谐美好的样子。

忽然安排到武汉大学出差，于是预订了校园附近的酒店。

因为天气的缘故，航班改了三次，所以抵达江城已是灯火阑珊之时。到了酒店放下行李准备洗漱沐浴，赫然看到盥洗台上摆放着贴心的标签提醒：Jasmine Village（茉莉小镇）。茉莉小镇是以天然有机为主导的护肤品牌，源于法国维尼小镇的浪漫，追求简单、崇尚自然的护肤之道，用最纯净的有机提取物达到最有效、最温和、最健康的护肤状态，拉近你与自然的距离，重现诠释美的含义。如果开封还未使用完，请带上它继续伴随您的旅途，物尽其用，为环保作份贡献。

认真读完这段文字，不禁对这间星级不是太高的酒店生出些许敬意，对酒店洗护用品的优雅描述，不禁让人浮想联翩，追忆起欧洲大陆飘着花香的森林美景。酒店管理层和运营者把品牌宣传镶嵌于酒店的一事一物之间，不仅没有给人带来反感，反而觉得这种细节的把握值得我们尊重，而且重要的是，让吾自然而然地想到了人与自然的和谐，想到这种细枝末节的见微知著正是碳中和之道。

正合吾意，把开了封但是没有用完的酒店用品带走，亦是吾多年来养成的习惯。由俭入奢易，由奢入俭难，的确如此。因为出差频繁，时而天上时而人间，无论辗转在异国他乡还是下榻于全国某些城市的一隅，入住的酒店千差万别，有时是超五星级酒店，事物俱是贵宾的星级标准，有时则是非常简单的快捷或者度假酒店，每每遇到降维时刻，奢华些的酒店用品便派上了不小的用场，抚慰并补充旅途中的简易生活。

记得三年之前与朋友到欧洲出差，在德国慕尼黑那几天入住易必思，条件相对比较简单。后来驱车到了米兰下榻于五星级酒店丽笙，忽然受宠若惊地产生了某种幸福感，洗发水、沐浴露无论看起来还是用起来都让人感觉像极了国际奢侈品牌，浴后如温泉水滑洗凝脂、头发如丝缎般柔顺。虽然接下来的目的地是时尚之都法国巴黎，但我还是认真地把开了封没有用完的酒店洗护用品悉数收纳到行李箱，同行之人和她七八岁的女儿对我这种小心翼翼、斤斤计较的做派很是嘲笑："我们到巴黎住比这里还贵、还好、还要高端的五星级酒店，你拿那些东西干什么呢，真是个小财迷。"结果，抵达巴黎已是午夜，而且路上出了非常惊险的状况，通过网络预订的那间酒店位于巴黎第十区，正是非洲裔非常集中的地带，酒店房间里没有任何刷牙、洗澡、洗发的用品，因为长途跋涉、人困马乏，大家急于沐浴、更衣、洗衣，而逼仄狭窄的盥洗室里什么都没有，我从米兰那间酒店收拾携带的小玩意儿派上了用场，解了危救了急。

在有时思无时。我这个习惯的养成，得益于在协同创建 2008 年北京奥运会语言培训供应商时，与疯狂英语的创始人李阳长达五年的共事，他经常在大型英语学习会议结束时提醒大家，把桌上打开盖子但是没有喝完的水带走。厉行节约，反对浪费，把自己在会议中喝过的半瓶水或者酒店下榻之余没有用完的洗发水、沐浴露带走，十几年如一日的习惯坚持下来，形成的家风也传给了从婴儿开始时就经常跟着我到处出差的小豆子。

如果在餐馆就餐，亦把尚未吃完的菜品和主食打包带回，这个小动作经常帮助我解决不会做饭的大问题，比如说水煮鱼的汤汁往往被我当成辣椒酱佐食。如果，所有在外就餐的人都把餐桌上剩余的菜品打包带走，就不会有"地沟油"的缘起。客户的点点滴滴惜物如珍的善举就会抵销或从根本上杜绝某些商家的不良企图。

早些年，很多人都会羞于打包，甚至对在外就餐时打包带走这种事情不齿，认为如果那样做就会非常没面子。其实，铺张浪费并非长面子，我们并不需要在他人面前装腔作势，甚至打肿脸充胖子。

近年来，我国推出了“光盘行动”。其宗旨是餐厅不多点、食堂不多打、厨房不多做。该活动倡导厉行节约，反对铺张浪费，带动大家珍惜粮食，吃光盘子中的食物。

一粥一饭，当思来之不易；半丝半缕，恒念物力维艰。这些经典出自《朱子家训》，它提醒人们注意节约用度，珍惜劳动果实。这部明朝时期朱柏庐在《夫子治家格言》里苦口婆心地劝告家人和世人的以家庭道德为主的启蒙教材，就饱含了碳中和的朴素思想，至今仍然具有先贤明哲的普世意义。

多吃多占，意味着对社会资源的过度占有和故意浪费，这样的思想和行为应当摒弃。我们其实吃不了那么多食物，亦穿不了那么多衣服，我们的社会不需要那么多囤积居奇的富豪和投机者，而是更需要兢兢业业的劳动者、创造者、创新者。

千年的黄土百易主。无论曾经拥有多么广阔的土地、占有多么庞大的资产，所吃所用所住无非一日三餐、四尺丝绵、五尺之榻，除此，如果不能用所占有创造相应的价值，就是只知占有资源不懂创造价值。

物尽其用、人尽其才、地尽其利，这是人与自然最为和谐美好的样子。

沧海桑田

我们是父母的孩子亦是孩子的父母，代代相传，生生不息。

欣欣然，看到以小白菜为主的几行蔬菜终于茂盛地在院子里长起来了。

去年初夏，苔痕上阶绿，草色入帘青之际，每当踌躇徘徊在庭前半分地的阡陌垄上，俯瞰脚下葱茏碧绿的植物，便盼望着收获季节莅临之时满园金灿灿的南瓜密密麻麻，每每遥想都会得意扬扬。但是竟然有很多次被篱笆外步道上跑来跑去玩耍的孩子们追问："阿姨，你家的荷花叶子好好看啊……"

在孩子眼里，吾播种的南瓜竟然变成了荷叶田。盛夏时节，层层叠叠的秧苗长啊长啊，悄悄地长满了整个院落，此起彼伏地开出了鹅黄色的花朵。看到如此之多的南瓜花儿，按照土壤肥力负荷的逻辑推理，不可能每朵花都能结出超市里售卖的大果实，因为花朵真的是太多、太密集了，况且这方院落本来并非田地，薄薄的草坪土层下面其实掩藏着建筑剩余的砖块瓦砾。

能够长满"荷叶"并且开满院的花朵也是好的。为了验证自己对未来果实的分析预测，兴高采烈地给父亲打电话求证。他老人家自从两年前的秋末冬初偶感了风寒，就有了腰腿病，甚至走路都需要拄着拐杖，行动起来甚是不便，所以不可能再如前些年那样为了帮我照看孩子、料理家务，频繁地独自乘坐火车来往于北京和故里之间。况且随着膝下的娃儿茁壮成长，她强烈要求放学自己回家，如果适逢我出差，她也申请自行安排上下学和就餐事宜，再加上自去年年初开始的新冠肺炎疫情，老人家已久未来京。

父亲说，南瓜秧苗长得茂盛是好事，但是不仅要适时地摘去过多的花朵，更重要的还要修剪掉过多的枝杈。

于是我赶紧到院子里找到长长的蔓子尾部的花朵，小心翼翼地摘下来，据说南瓜花可以食用，便拿到厨房做成汤菜之点缀，只留下田间那些接地气的接近根部的花朵，静候瓜熟蒂落。

盼望着，盼望着，秋天来了，感觉收获的脚步应当也近了。可是，直到房前屋后的银杏叶子都变黄了甚至纷纷飘落了，还是没有见到一个南瓜。直到冬天来了，雪花纷纷扬扬飘满了院子，那些秧苗便枯萎变成了干草。

今年的春天又来了。清明时节雨纷纷，我站在院子的台阶上苦思冥想，或者今年就什么都不种了吧，以便让这方草坪恢复原状。虽然这方曾经茂密的草坪后来长出很多蒲公英，继而又长出了很多不知名的草。思前想后，真不知道那些各种品类的草种是怎么抵达这里的，也许是天空的鸟儿叽叽喳喳衔来的，也许是疾风知劲草的风吹来的，所以导致草坪上的草的种类愈加繁多了，修剪的工作也变得愈来愈烦琐，每次都得拿着剪刀一点一点、一小片一小片地处理，偶见物业园丁推着割草机器经过，就忙请他们把机器隔着铁艺篱笆墙抬进来帮忙修剪。那几年的春天、夏天、秋天，修剪草坪便几乎成了少年维特之烦恼般的重重心事。

开春之际，案上的工作项目和卷帙浩繁的方案之中有两篇与碳达峰和碳中和相关。夜以继日地起草撰写之余翻阅相关参考书籍，其中有一部比尔·盖茨关于气候经济的著作，特别提及种植是降低并中和碳排放的重要方法，来回翻阅数遍，不禁想到庭前荒芜的院落。

谷雨前后，种瓜点豆。今年清明和谷雨时节的雨水特别及时亦特别缠绵，听着滴滴答答的雨声，看着院子里斑驳的草悄悄地冒了出来，其中有几行特别挺拔、特别青翠，甚至有些亭亭玉立的傲娇样子，于是冒着雨跑到院子里仔细查看，竟然是多年之前首次尝试种植未果而幸存的几株韭菜。

厚积而薄发。那年大面积试种的蔬菜虽然大都没有发芽，但是仍然有生命力特别旺盛的凤毛麟角竟然在几年之后，在如此薄弱而贫瘠的草坪土层上还有几株韭菜劫后余生似的冒了出来。恍然大悟，再贫瘠的土壤稍加厚植深耕与精细管理，或多或少都会有成果回报。然后，立刻在网上搜索并购买了好几种叶菜的种子，韭菜、小白茶、香菜、茴香……

辗转出差几次，回京后，种子快递次第收悉，看看时令已然五月中旬，显然错过了早播时节。但是又想，播种时间是有些迟了，但是总比不播种要好得多，无论如何聊胜于无。于是，连续两天的清晨，请邻居家大叔在送孙子孙女上学之后，帮忙拉出阳台水管喷洒湿地，然后分批分期地按照说明书种上了好几包菜籽儿，痴痴地坐等发芽。

紧接着又出了两次远差，其中有次是到“绿水青山就是金山银山”的“两山”理论发源地浙江湖州调研，途经线路竟然有名曰“天荒坪”，不禁联想庭前草坪从荒芜到繁盛。连夜回京睡醒之后查看院子，发现在片片不规则的草丛间竟然冒出了行行嫩绿新芽，肯定是前些日子播种的蔬菜种子初萌。于是挽起袖子，换上鞋子，下到“田地”里干活拔草，以便为这些幼苗腾挪出生长空间，直到满头大汗。趁着在京的这些时日，我每天都把喝剩的残茶、未用洗涤剂的洗菜果和洗碗之后的剩水泼洒到院子里，以增加土壤肥力。

种子们纷纷地发芽了，而且长得翠绿翠绿、密密麻麻。从萌芽破土、长出叶子到可以让人分辨出品类的样子，只需不到一周，十来天过去，初萌的小芽儿便长成了层层叠叠的嫩绿叶菜。

于是，再次欢欣鼓舞地告诉父亲，薄弱而荒芜的草坪土地上竟然长出了茂密的蔬菜。父亲说，绿叶蔬菜的间距不应当太紧凑太稠密，否则，哪棵都不会长得强壮，现在你可以隔三岔五地拔出来些，开始享用自己亲手种植的小青菜吧。

照着父亲所支的着儿，我几乎每天都从稠密的蔬菜幼苗里拔出几棵，发现它们每天都比前一天长大很多。上周某日的清晨，隔着影影绰绰的竹丛篱笆墙发现邻家大叔也早早地在自己院子里忙碌，我说：“大叔早啊，感谢您家的水管帮忙浇地，菜籽儿发芽长出来了，先送上一把青菜，做个汤尝尝鲜……”

不负春光不负卿，亦不负盼望和等待，庭前这片草坪式菜地并没有因为被我不断拔菜而变得稀疏，反而愈加茂盛起来，显然是它们成长的速度超过了我修剪拔出的速度。盛夏来临，阳光日照充足，再加以时而甘霖般的及时雨和丰沛的阳光雨露，万物生长欣欣向荣。

不过，仍然很怀念这方草坪最初的细密齐整。彼时，我和小豆子总是喜欢脱了鞋子光着脚丫在其间玩耍嬉戏。玩着玩着，膝下的小娃就从幼儿园升到小学。她总是喜欢把玩具和绘本图书搬到庭院如地毯般厚厚的草坪上，小学三年级的时候竟然突发奇想地说要开个庭院书店。但自从蒲公英到此安家落户那两年之后，草坪便开始了从茂密到荒芜，再从莺飞草长的良莠不齐到蔬菜种植，从播种而不发芽未收获到今年的收获颇丰，我眼睁睁地看着并用心体悟这些年春夏秋冬枯荣轮回，潜移默化的沧海桑田变迁。

去年初春，我国在疫情缓和之际提倡地摊经济，我和小豆子便立刻响应，连着几个星期的周末都会忙不迭地把书架上和桌子上成摞成摞的书籍搬出来，放置到铁艺篱笆间打折出售，因为经常无人值守，不能保证提供面对面服务，就建立了微信群“庭院书店”，并与收款码一起打印后悬挂到庭院篱笆上，价格由买方随意随喜，竟然还有些收获，更好的收获则是“庭院书店”初体验。

今年初春，到香山拜访曾经力劝我在凤凰岭观山论坛基础上继续举办香山论坛的友人，见其书架上摆着关于桑树种植的书籍，作者是位躬耕于农林科技领域的院士级别的长辈。凭着近年来做一村一品基金 CEO 和创业金融的直觉，饶有兴致地翻阅纲目和内容梗概之后，不禁惊呼“应当创个业，项目名字就叫沧海桑田，因为这种桑树是可以规模化种植和产业化资本化市场化的，更重要的是沙漠治理效用，功在当代，利在千秋，我们可以亲手推动。”友兄半玩笑半认真地说：“如果心想事成，再去爬趟香山，爬到山顶上的海枯石烂，就是香炉峰对面那片乱石岗子。”其实，那只不过是句玩笑调侃，而我却信以为真，时值下午两点半，我立刻出发，一个人花了近两个小时，气喘吁吁地爬到了山顶处的海枯石烂，还请路人拍了几张照片为证。

从五月中旬到六月中旬，呼啸般经历了芒种、母亲节、端午节、父亲节、夏至等节气节日，深知沧海桑田的变迁潜伏隐藏于每年每月每日的春耕、夏耘、秋收、冬藏。

这个周日时值父亲节，忆及母亲健在时与父亲相濡以沫、含辛茹苦地拉扯着我们兄弟姐妹的情景。在物资匮乏的年月里，父母把最好的吃穿用度给了我们，而自己却克勤克俭。不养儿不知父母恩，于是再与父亲电话沟通桑麻种植之事，同时通知他老人家明天记得查收快递。话音刚落，门口又有人敲门，原来是小豆子的快递，她从自己房间里飞跑出来急急忙忙地拆开，竟然是联合国儿童基金会寄给她的官方信函，感谢她慷慨解囊捐资，所募集的善款将用于对我国边远地区或因某些原因陷于贫困境况的孩子们进行资助支持，内附一枚纪念戒指。

作为孩子的母亲，不禁悄悄地为娃的公益善举而感到惊喜，从此，吾将不会再追问孩子零花钱去了哪里。而我的谢世阔别十五年的母亲如果在天国看到代代传承的勤劳善良勇敢和智慧，该会作何感想呢？从庭院书店到沧海桑田，再到更广阔、更辽远、更清明的境界和疆域，继往开来的子子孙孙和正值旺年的我们，在可持续发展与碳达峰碳中和的今天，该洋洋洒洒地写出什么样的方案和答案呢？

2021 年 6 月 20—21 日

稼穑意义

神农之治天下，务利之而已矣；不望其报，不贪天下之财，而天下共富之。

繁茂如许，草坪上的阡陌菜园。

直到五月中下旬才播种的门前方寸之地，竟然在六月上旬发芽，到了下旬长成了可以拔出来稍加冲洗就可以下厨入锅的蔬菜。尤其是向阳地带的那几行小白菜，绿油油的长势非常招人喜欢。庭院近窗区域，特别播种的香菜和茴香也纷纷嫩叶萌发，散发着阵阵奇异的香味。

不出差的每日清晨，只要没有大风大雨，我就经常换上沙滩鞋步下台阶，到院子里拔草。晨练的年轻人和老年人每每经过庭前，大都会热情地打招呼："你的菜地长势真好啊！""真羡慕你有地可耕种。"有位精神矍铄、经常散步经过的老奶奶夸了很多次："小丫头种菜了，真不简单。"

小丫头这个称谓，不由得让人心花怒放，仿佛自己真的回到了不谙世事的少女时光，不恋既往亦不惧未来。

某个周末，有位年轻些的奶奶带着孙女从院子的篱笆草地上玩耍经过，建议种几棵西红柿或小番茄，说疫情之前她经常到加拿大王子岛别墅居住，那里虽然有更加广阔的草坪但是不允许种菜，她就把韭菜、茄子、辣椒等种在花盆里，长势竟然也不错，密密麻麻出产的菜全家都吃不完。

六月下旬，淅淅沥沥的梅雨季开始了，密密的菜地得以甘霖灌溉，青翠欲滴更加可人。父亲在电话里说，如果菜田种得很密就得赶紧"间苗儿"，就是从中选择拔出些来，为苗儿们留出成长的空隙。

但是，我总舍不得拔出那些绿油油的尤物，在菜畦边徘徊来去，窃喜而侥幸地以为每棵都可以成材，或者能长成卷心菜呢！小豆子说妈妈你要听姥爷的话，我们课堂上学过“筛苗儿”，要去除多余的过度密集的秧苗。她又不解地问今年夏天为什么家里的蚊子和虫子不见了呢？我说，肯定是因为门前种了香菜和茴香，特别香，所以竟然起到了驱虫驱蚊的功效。

又过了几日某晚，滂沱大雨夹杂着冰雹忽然而降，噼里啪啦从天空中打落下来。第二天早晨起来查看，每片菜叶上面都被穿了大洞小孔。我自嘲地想，白菜寓意百财，叶子上打了孔可美其名曰孔方兄吗？但是接二连三的大风冰雹天气频繁发生，反复折腾了几次之后，庭前菜园的那些叶子上也就千疮百孔了。

这下，我不得不下狠手采摘了，只是摘出来的菜叶已然不是完整的菜，而是光秃秃的叶脉叶茎了。洗净下锅，出炉的汤喝起来有种异样的味道。但是聊胜于无，最起码举步到院子就可以摘菜，即摘即煮即食，不用再频繁往来于生鲜超市买菜购物，生活仿佛回到自给自足的自然经济。

于是，边在工作之余打理菜园，边写关于乡村振兴的规划方案，边查阅伏羲神农当年教育华夏种植的故事。更有意义的是，某些史料和文献或传说中记载着当年他们治国理政的方法论和世界观——因其天下为公，人民安居乐业，虽无为而至仁。神农之治天下，务利之而已矣。不望其报，不贪天下之财，而天下共富之，所以其智能自贵于人，而天下共尊之。无心于物，物来归之，不教于民，民皆仰之。画卦之主，尝草之君，皆履之而化成，此则履纯朴皇道也。以德施政、以和为贵、以农立国，乡村振兴之鉴也。

最近些时日，几乎天天有雨，惜物的心渐渐坚强起来，没有了首次目睹暴雨打菜的心痛之感，觉得经历风吹雨打也是自然界的经常造化，而人生亦然。况且，这满院的蔬菜，我和小豆子也是吃不完的，还不如随之去，让它们化作春泥更护花，以余荫滋养苗圃。

上周末，邀请出版社老师来家做客，一起到台阶下的院子里摘菜，离开时附赠一大包，然后送她到大门口边走边聊中又送出去很远，分别时，她说："好奇怪啊，刚才摘过香菜的手，虽然用肥皂认真地洗了几遍，但是现在闻起来还是很香……"

抬手闻了闻，果然，赠人玫瑰，手有余香，香菜更是如此。

我想这便是稼穑的意义。

2021 年 7 月 7 日

碳中和，人中和

若无人和，碳中和亦将失去意义。

三月初的节气很是密集，周五是龙抬头，周六是惊蛰。

时值惊蛰节气，人之行迹亦如游鱼游来游去。忙而有秩序的生活和工作有条不紊，无论是否节日，在北京冬奥会和冬残奥会举行的这段日子，每天都要早起为张家口赛区银行业金融机构准备，并稍加分析整理声誉管理项下的舆情通报，然后再于八九点开启其他安排。

近几日北京初春的风沙颇多，细细的沙尘趁着开窗换气的契机偷偷地钻进房间，导致周六上午的家务格外忙碌，上上下下左左右右，又扫又擦又拖又洗，收拾到了中午才恢复到正常的、一尘不染的清洁秩序。清理出的冗余分类，扔到中区的指定位置。

植树节也快到了，我想，如果每年都大规模加速度地为首都北部内蒙古自治区的防护林增加些草木阵容，是否能减少北京春天的沙尘天气。

中午要去上地华联购物，想起前段时间在那里偶遇的正在筹备太空舱咖啡的创始人，那位连续的成功创业者边盛情款待我喝各种味道的咖啡，边聊他的创业故事，告别之际说咖啡不能白喝，找时间回赠他一本刚刚付梓的《创见》。所以，我就赶紧带本新书过去。

步行而去，步行而归，回到家已近暮色苍茫，吃了零食便想小睡片刻。生物基因科技公司的创始人打电话邀请到她家里吃晚餐，顺便谈谈最近的公司进展。感觉如此盛情不可轻易拒绝，于是说好吧。在手机上测算路程，不算太远但也不近，如果打车肯定也走不动，因为正值拥堵瓶颈的高峰期，公交车需要 50 分钟，步行则为 1 小时。于是，挑了双平底鞋子，背上电脑包，于华灯初上之时再次出发，虽然下午刚刚去了上地。

目的地位于海淀与昌平的交界地带。最近经常被邀请到欧洲英格兰乡村风格的那座大宅第。山高任鸟飞，海阔凭鱼跃，空旷的房屋增加了不少生气，因为几乎变成了动物园，巨大的鱼缸增加了多条红色锦鲤，还养了一只兔子，两只阿拉斯加雪橇犬呼哧呼哧地趴在刚进门的我的脚边运着气。

宾至如归，我自己动手冲了两杯红茶，一杯给在厨房忙碌的人，一杯自己招待自己。手到擒来的晚餐快速出炉，香肠炒饭与小米玉米粥，还有从广州带回的萝卜干，盛在伦敦乡间别墅的菜篮子。虽然肚子不饿，但是为了表示对东道主的热情回馈，还是“光盘”了面前的食物。她说，应当再来点酒，就德国的那种老款吧。

饮至微醺，宾主尽欢。虽然是德国起泡酒但是很有些后劲儿，斟酌之间回味着几年前在慕尼黑、米兰、巴黎出差的情景，想起沿着多瑙河驱车奔驰于阿尔卑斯山脉，周游列国。

海阔天空，从创业又谈到纳斯达克，为了赶回家监督小豆子写作业，婉拒了留宿安排。背上电脑包拂袖而去时夜色已经很深，仍然选择最为“碳中和”的出行方式——溜达回去顺便醒酒，沿途仍然挂着春节的灯笼，照耀着归程。到家时将近午夜，酒也已经醒了大半。正准备沐浴更衣，有电话打来，关于工作、事业、感情、合作伙伴的话题又畅谈许久。

我想，碳中和与人中和，要兼具。

2022 年 3 月 7 日

本章结语

人和，是碳中和的最高价值与终极意义。物尽其用、人尽其才、地尽其利，这是人与自然最为和谐美好的样子。赠人玫瑰、手有余香，我们是父母的孩子亦是孩子的父母，薪火相传生生不息。

结语

“碳中和”方法论

方法论 1：

碳中和领域需要独角兽引领。能够在碳中和领域有所突破的国家将是未来引领全球经济的国家，能够在该领域中有所建树的企业会是独角兽公司。

无论是过去还是现在，零排放都具备坚实的逻辑基础，但实现零排放的目标要基于创新驱动。

“零碳”产业是历史性的重任和挑战，更是巨大的经济机遇。

方法论 2：

碳中和亟须理论支撑体系。

“两山”理论为基础的绿色发展思想，对于推进中国生态文明与生态经济建设具有重大意义，亦是全球实现碳中和理想的重要借鉴和指南。

可持续发展是建立在社会、经济、人口、资源、环境相互协调和共同发展的基础上的发展，宗旨是既能相对满足当代人需求，又不能对后代人的发展构成危害。

ESG 实践不仅能为企业打造更有韧性的发展道路，更能为企业可持续的产品和服务打开别有洞天的全新市场。

方法论 3：

碳中和背后是能源竞争、产业变革、制度创新。

碳排放交易简称碳交易，指运用市场经济来促进环境保护的重要机制，其实质就是通过碳排放权的交易达到控制碳排放总量的目的，既控制了碳排放总量，又能鼓励企业通过优化能源结构、提升能效等手段实现减排。

我国碳市场是利用市场机制控制和减少温室气体排放、推进绿色低碳发展的重大制度创新，也是推动实现碳达峰目标与碳中和愿景的重要政策工具。

方法论 4：

高质量发展，一二三产业融合发展，区域经济协同发展推波助力碳中和。

京津冀协同发展国家战略宏观背景之下的首钢集团“中国钢铁梦工厂”与绿色健康低碳建筑群“首堂·创业家”已是成功典范，渤海湾也以加速创新的产城融合阵容和无限憧憬正式展开了即将成为继纽约湾区、东京湾区、旧金山湾区、粤港澳大湾区之后的世界未来第五大湾区的想象。

碳中和银行和绿色金融、小微金融、乡村振兴金融是“千里江山，只此青绿”的重要支撑。建设银行河北省分行的创新绿色金融模式包括但不限于鼎力支持绿色清洁能源、冬奥会张家口场馆建设、北京大兴国际机场、乡村振兴与小微金融等，其优秀案例值得行业借鉴。

有机农业助力碳中和，正谷集团的成功案例是对标欧盟标准的优秀示范。

中国石化已经奏响了科技创新中国式“从 0 到 1”、碳中和从“1 到 0”的“零碳产业链”创业版序曲。

清锋科技 3D 打印的科技创新开启了工业互联网加速碳中和的进程。

方法论 5：

科技创新是加速实现碳中和的秘籍。

绿色溢价正负零的动态变化是碳中和进程中灵敏的显示器和风向标，碳排放交易、科技创新、绿色金融，这些不断发展的体制机制成为不断推动绿色溢价渐趋合理化的重要推手。

碳中和不仅仅是绿色转型，而是社会整体经济不断迭代升级的运行模式、思维模式和政策框架，是转型进入高质量发展阶段的里程碑。

清洁能源、新能源汽车产品等领域的创新风起云涌，而用水驱动汽车在很多年前就有科学预言，而这一天正在来临，这片前沿蓝海正在期待弄潮儿。

方法论 6：

以绿色电力的清洁能源助力清洁生产方式：

清洁能源往往具有可再生性，能够直接用于生产生活的清洁能源主要包括水能、风能、太阳能、生物能、地热能、海洋能等。

绿色电力主要包括风电、太阳能光伏发电、地热发电、生物质能汽化发电、小水电等。

低碳产业园区，也可称为“碳中和产业园”，是统筹兼顾碳排放与可持续发展的产业集群。

方法论 7：

以简约生活方式打开生活领域：

碳中和，人人有责，少浪费、少消耗、少排放、少开车。

方法论 8：

以敬畏之心尊重生物多样性原则。

大自然在实现碳中和方面发挥着关键作用，采取基于自然的解决方案每年可以减少110亿吨的碳排放。

疫情常态化时期，植树造林不失为碳中和与防疫抗疫的利器。

方法论9：

人和，是“碳中和”最高价值与终极意义。

物尽其用、人尽其才、地尽其利，这是人与自然最为和谐美好的样子。

后记

清平乐

掩卷而思，《素描碳中和》内容绸缪逾三年矣。

新冠肺炎疫情之初，佩戴口罩出行之始，亦是我着手云南某地高速公路基础设施“十四五”规划和我国能源集团风力发电公司综合改革研究之际，这两项工作都与碳中和及绿色可持续发展息息相关。

为了遴选更加丰富的文献资料作为课题研究的深厚基础和理论支撑，我便沿着彼时的新概念碳中和抽丝剥茧，挖掘从宏观到微观的知识体系。夜半笔耕、奋笔疾书，忽然在某个秉烛码字的时刻豁然开朗，貌似走进了魏晋时期陶渊明描述的桃花源。纷繁的气候变化及因果关系之下，竟然隐藏着如此层出不穷的知识图谱、逻辑关系、理论架构，以及井然有序的发展脉络。我觉得自己像个首次闯进海滩的弄潮儿，好奇而惊喜地捡拾那些闪着光芒的珠贝，一颗一颗地放进锦囊，并希冀其成为笔下方案的妙计。

2021 年初春出差惠州，每天早晨到酒店对面的东江岸边散步，发现水边赫然矗立牌匾碑刻，仔细阅读竟然是河长公示牌，内容包括河道名称、市级河长、河湖警长、县区级河长、河流概况、市级河长职责。“东江是珠江流域三大水系之一，面前的河道是东江惠州段，古称为湟水、循江、龙江，发源于江西省寻乌县桠髻钵，上游称寻乌水，流至河源市龙川县境内与定南水汇合后始称东江；干流经龙川、河源、紫金、博罗、惠城、仲恺、东莞等县市，至东莞石龙镇后分南北水道流入珠江，从虎门出海。”河长管护目标为河畅、水清、堤固、岸绿、景美、人和。

2021年仲夏再次去惠州，深度游览与东江交汇的西湖，慨叹杭州西湖与惠州西湖的异曲同工。两个西湖都出自遭遇贬谪的苏轼，颇觉这位“湖长”不仅是千古诗人，更是专业的水利工程师。渔樵耕读的他组织民众挖土成湖、堆石成山，苏堤和断桥也许就是洪灾时供大家逃生的路线图预案。恍然大悟，西湖所在的杭州与惠州不就是现在的海绵城市吗？透过烟雨楼台和西湖山水，以苏东坡的视角和笔触写碳中和，写新技术、新材料、新能源、新解决方案，自认为这样的立意真是太好了。

春夏之际，中央企业海外风电南非项目的碳中和研究、浙江省湖州安吉的乡村振兴与碳中和产学研基地发展规划两个方案几乎同时堆在案上，对于碳中和领域更加深入的产学研资料归集愈加迫切，并且内容还愈来愈多、层出不穷。分析、整理、归纳、总结、借鉴、发挥，为此，顺理成章地在公众号特辟专题“素描碳中和”。

绿水青山就是金山银山的“两山”理论，比尔·盖茨主张的气候经济，《联合国气候框架公约》，《京东议定书》，碳源、碳汇与碳交易，循环经济与零碳社区，清洁生产与低碳生活，风力发电，水力发电，氢能源与核电，绿色建筑与被动式住宅，低碳出行与绿色交通，沙漠治理与生物多样性，赤道原则与绿色金融，等等，构成了“素描碳中和”的纹理脉络。

积沙成塔，集腋成裘。《创见》出版之际，“素描碳中和”内容也积累到数十万字。中国经济出版社的编辑姜静与责任编辑王西琨建议，《创见》不仅是一本书，还可以就此开辟“创见”书库。我喜出望外，“素描碳中和”恰好可以成为“创见”书库的第二部作品，素材和内容等万事俱备，就命名为《素描碳中和》。

2022年岁末年初，正值《素描碳中和》篇章结构紧锣密鼓搭建期间，应邀与朋友共同拜会合作伙伴。坐在对面泡茶款待我们的东道主竟然是我国被动式建筑的先行者——首钢集团副总工程师、京冀曹妃甸协同发展示范区建设投资有限公司首任总经理李国庆。他勤于笔墨、深谙书法，几案上关于绿色发展的资料堆积如山，其中就有很多篇关于他创建的京津冀协同发展示范区内生态城“首堂·创业家”的报道。我边翻阅那些报道边感叹：“2018 年就起草绿色建筑产业园规划，近年又撰稿多宗与绿色发展相关的研究报告，您和‘首堂·创业家’如果能作为新书案例就太好了，碳中和领域就有了先锋人物、绿色建筑领域就有了领军。”

我们一拍即合，首稿题目为《零碳建筑先行者》，初稿研讨时，他谦虚地说零碳建筑稍显绝对，而低碳建筑更合适些。我说“首堂·创业家”所凝结的是碳中和秘籍与创新创业的交集，本文极尽笔墨，希望能够还原当年在渤海湾曹妃甸填海造田基础上从零开始创业的情景，我们应当还原拓荒现场。于是，李总邀请了数位当年的老同事，在春寒料峭之中从北京驱车奔赴海上钢铁厂和“首堂·创业家”。抵达哈佛红色调的那组建筑群落，我惊讶地发现每栋建筑的标识都是词牌，蝶恋花、满庭芳、西江月、雨霖铃、清平乐……

苏东坡再世！一片绿色社区与两湾西湖绿水，让人恍然间觉得异曲同工。渤海湾、粤港澳、长三角，不同年代、不同地理位置的工程都匠心独运地呈现了安居乐业、风调雨顺、国泰民安的理想国。大家在途中谈笑风生，论及世界上那些著名的湾区，后来者居上的也许就会是他们亲手打造的这片填海造田之地，希冀在不远的未来跃迁成为世界第五大湾区。

感谢“苏轼们”：《创见》开篇“碳中和与创新经济”清锋科技及其创始人兼 CEO 姚志锋；《素描碳中和》的先锋人物和案例机构，包括但不限于首钢集团、正谷农业、建设银行、中国石化以及中国经济出版社；“只此青绿”封面创意和设计修订中借鉴的那幅名画——千里江山图。古往今来，中西相较，碳中和思想，早已有之，三年躬耕仍显青涩，恭请诸位斧正。

何以概括感慨谢意？撷词牌“清平乐”为记。

张闻素

2022 年春日于橡树湾

重要术语索引

参考文献

［1］SHINE R G，DERWENT D J，WUEBBLES J–J，et al.Radiative Forcing of Climate［EB/OL］.［2022–01–15］.https：//www.ipcc.ch/site/assets/uploads/2018/03/ipcc_far_wg_I_chapter_02.pdf.f

［2］MBOW C，ROSENZWEIG C，BARIONI L G，et al.Special Report：Special Report on Climate Change and Land［EB/OL］.［2022–01–15］.https：//www.ipcc.ch/srccl/chapter/chapter–5/.

［3］比尔·盖茨.气候经济与人类未来［M］.北京：中信出版集团，2021：138.

［4］GATTINGER A, MULLER A, HAENI M, et al. Enhanced top soil carbon stocks under organic farming [J]. Proceedings of the National Academy of Sciences of the United States of America, 2012, 109(44): 18226–18231.

［5］AUBERT P–M，SCHWOOB M–H，POUX X.Agroecology and Carbon Neutrality：What Are the Issues?.［EB/OL］.［2022–01–15］.https：//www.soilassociation.org/media/18564/iddri–agroecology–and–carbon–neutrality–what–are–the–issues.pdf.

［6］European Commission.From Farm to Fork：Our Food，Our Health，Our Planet，Our Future［EB/OL］.［2022–01–15］.https：//ec.europa.eu/commission/presscorner/detail/en/fs_20_908.

［7］中国天气网.一文告诉你全球气候正在发生怎样的变化?［EB/OL］.（2020–09–09）［2022–01–15］.http：//hlj.weather.com.cn/tqyw/09/3385648.shtml.

［8］网易探索．全球十六位科学家联合对全球变暖说提出质疑［EB/OL］．(2012-02-13)［2022-01-15］.http：//discovery.163.com/12/0213/10/7Q4SJEPF000125LI.html.

［9］中国新闻网．新一轮气候谈判开幕，《巴黎协定》实施细则求突破［EB/OL］．(2018-05-01)［2022-01-15］.https：//www.chinanews.com/gj/2018/05-01/8503499.shtml.

［10］联合国气候变化框架公约［EB/OL］．(2015-08-30)［2022-01-15］.https：//www.un.org/zh/documents/treaty/files/A-AC.237-18（PARTII）-ADD.1.shtml.

［11］刘素云．各国就应对气候变化新协议达成正式谈判文本［EB/OL］．(2015-02-14)［2022-01-15］.https：//world.huanqiu.com/article/9CaKrnJHRds.

［12］UNIDO.UNIDO IDB Special Event on the Climate Convention and Kyoto Protocol［EB/OL］．［2022-01-15］.https：//www.unido.org/sites/default/files/2006-10/23idbevent3_0.pdf.

［13］联合国．巴黎协定．［EB/OL］．［2022-01-15］.https：//www.un.org/zh/documents/treaty/files/FCCC-CP-2015-L.9-Rev.1.shtml.

［14］曾贤刚，李琪，孙瑛，等．可持续发展新里程：问题与探索——参加“里约+20”联合国可持续发展大会之思考［J］．中国人口·资源与环境，2012（1）.

［15］联合国．生物多样性公约［EB/OL］．［2021-03-12］.https：//www.un.org/zh/documents/treaty/files/cbd.shtml.

［16］联合国．伊斯坦布尔人类住区宣言［EB/OL］．

［2021-03-12］.https：//www.un.org/zh/documents/treaty/files/A-CONF-165-14.shtml.

［17］搜狐．航空“碳中和”方案浮出水面发展中国家为西方碳排放埋单［EB/OL］．(2013-07-09)［2022-01-15］.http：//news.sohu.com/20130709/n381110292.shtml.

［18］新华社．北欧五国签署气候声明加快实现“碳中和”［EB/OL］．（2019–01–27）［2022–01–15］．

https：//baijiahao.baidu.com/s?id=1623804118122277132&wfr=spider&for=pc.

［19］叶含勇．四川首次在国际会议中实施“碳中和”项目［EB/OL］．（2018–08–02）［2022–01–15］．

https：//baijiahao.baidu.com/s?id=1607655825579492806&wfr=spider&for=pc.

［20］人民网．习近平在第七十五届联合国大会一般性辩论上发表重要讲话［EB/OL］．（2020–09–22）［2022–01–15］.http：//tv.people.com.cn/n1/2020/0922/c61600–31871146.html.

［21］王婧．领导人气候峰会聚焦加强国际合作［N］．经济参考报，2021–04–23.

［22］刁凡超．全国碳市场上线交易，专家：为“双碳”目标达成提供重要抓手［EB/OL］．（2021–07–16）［2022–01–15］.https：//www.thepaper.cn/newsDetail_forward_13608658.

［23］中华人民共和国教育部．教育部关于印发《高等学校碳中和科技创新行动计划》的通知［EB/OL］．（2021–07–15）［2022–01–15］.http：//www.moe.gov.cn/srcsite/A16/moe_784/202107/t20210728_547451.html.

［24］张素．碳中和发展力指数研讨会：“五力”模型将促低碳发展新考量［EB/OL］．（2021–09–12）［2022–01–15］.https：//paper.sciencenet.cn/htmlnews/2021/9/464970.shtm.

［25］王磊．欧盟同意到2050年实现净零排放．［EB/OL］．（2019–12–07）［2022–01–15］．

http：//www.sinopecnews.com/news/content/2019–12/17/content_1784203.htm.

［26］新浪财经．上海济丰完成我国首笔碳中和交易［EB/OL］．（2009–11–17）［2022–01–15］．https：//finance.sina.com.cn/roll/20091117/

19456977796.shtml.

［27］仝川．国内外可持续发展指标体系研究进展［J］．上海环境科学，1997（9）．

［28］曹红艳．“十三五”将制定循环经济清晰指标体系［J］．青海科技，2015（6）．

［29］胡家夫．发展ESG投资促进可持续增长［EB/OL］．（2019-10-24）［2021-11-07］.https：//www.amac.org.cn/businessservices_2025/ywfw_esg/esgzs/zsxh/202007/t20200713_9808.html.

［30］ESG全球领导者峰会［EB/OL］．（2021-08-26）［2022-01-15］．https：//rl.cj.sina.com.cn/imeeting/hyt/detail/13085.

［31］夏丽娟．“绿水青山就是金山银山”在浙江的探索和实践［EB/OL］．（2017-06-02）［2021-11-07］http：//news.haiwainet.cn/n/2017/0602/c3542906-30946555.html.

［32］胡坚．绿水青山怎样才能变成金山银山——对浙江十年探索与实践的样本分析［N］．浙江日报，2015-08-10.

［33］郭香玉．绿水青山就是金山银山有效实现途径研讨会在京举行［EB/OL］．（2018-09-22）［2022-02-20］.http：//www.xinhuanet.com/politics/2018-09/22/c_1123470748.htm.

［34］刘北辰．丹麦的“零碳经济”［J］．中外企业文化，2014（3）．

［35］国家能源局．能源科技热词：飞轮储能［EB/OL］．（2013-08-21）［2022-03-29］.http：//www.nea.gov.cn/2013-05/24/c_132386161.htm.

［36］马宏革，王亚非．风电设备基础［M］．北京：化学工业出版社，2013.

［37］沈艳霞，杨雄飞，赵芝璞．风力发电系统传感器故障诊断［J］．控制理论与应用，2017，34（3）：321-328.

［38］金晓航，孙毅，单继宏，等．风力发电机组故障诊断与预测技术研究综述［J］．仪器仪表学报，2017，38（5）：1041-1053.

［39］夏微．光伏发电成本或低于煤炭发电［EB/OL］．（2015-12-02）

［2022-03-22］.http：//news.takungpao.com/mainland/topnews/2015-12/3247803.html.

［40］华凌 . 水下涡轮机“激发”潮汐发电测试成功［N］. 科技日报，2012-5-22.

［41］刘瑾，刘国贤，栾频 . 我国潮汐发电开发加快污染成本低前景大好［N］. 经济日报，2011-10-25.

［42］徐旭忠 . 我国将从四个方面推进地热能开发利用［EB/OL］.（2011-04-23）［2022-03-29］.http：//www.nea.gov.cn/2011-04/23/c_13842625.htm.

［43］刘继芬，王景甫，马重芳，等 . 中低温地热发电循环参数的优化［J］. 化工学报，2011（0S1）：190-196.

［44］王江峰，戴义平，陈江 . 中低温余热发电技术及其在水泥生产中的应用［J］. 节能，2007，26（2）：32-34.

［45］王华，王辉涛 . 低温余热发电有机朗肯循环技术［M］. 北京：科学出版社，2010.

［46］规模化发展核电是治理雾霾的必由之路［N］. 经济参考报，2015-03-06.

［47］王尔德 . 国内首份低碳园区指标体系出台［N］.21 世纪经济报导，2012-10-16

［48］张抒阳，张沛，刘珊珊 . 太阳能技术及其并网特性综述［J］. 南方电网技术，2009（4）：64-67.

［49］袁建丽，林汝谋，金红光，等 . 太阳能热发电系统与分类（1）［J］. 太阳能，2007（4）：30-33.

［50］毛建儒 . 太阳能的优点及开发［J］. 中共山西省委党校学报，1996（4）：49-50.

［51］闫云飞，张智恩，张力，等 . 太阳能利用技术及其应用［J］. 太阳能学报，2012（S1）：47-56.

［52］新华网 . 明天，我们住什么样的城市——聚焦海绵城市建

设［EB/OL］.（2015-10-17）［2022-03-27］.http：//www.xinhuanet.com/politics/2015-10/17/c_128327284.htm.

［53］车生泉，谢长坤，陈丹，等.海绵城市理论与技术发展沿革及构建途径［J］.中国园林，2015（6）：11-15.

［54］张琼.海绵城市建设存在问题及对策［J］.住宅与房地产，2019.

［55］杨柄桥，李德武，张怡.浅析海绵城市的可持续发展战略［J］.科技展望，2017.

［56］时运兴，韩沙沙，周祥森.我国海绵城市与国际蓝绿城市比较研究［J］.中国防汛抗旱，2017.

［57］徐全胜.现代供电企业大营销体系建设及实务［M］.北京：中国水利水电出版社，2012.

［58］澎湃网.世界首个！北京冬奥会重点配套工程，张北柔性直流电网工程组网成功！［EB/OL］.（2020-06-27）［2022-03-29］.https：//www.thepaper.cn/newsDetail_forward_8013054.

［59］李泰格."碳中和"的奥运会［EB/OL］.（2008-09-18）［2022-03-22］.https：//www.globrand.com/2008/89872.shtml.

［60］新浪财经.北京冬奥会将成首个真正实现碳中和的奥运赛事［EB/OL］.（2021-11-30）［2022-03-25］.https：//finance.sina.com.cn/esg/ep/2021-11-30/doc-ikyakumx1046368.shtml.

［61］古淑娟.北京冬奥会首次实现"碳中和"，中国是怎么做到的?

［EB/OL］.（2022-02-14）［2022-03-22］. https：//www.sohu.com/a/522693913_121162168.

［62］杜坤杰.从技术视角分析上海储能技术和产业的发展［J］.上海节能，2020（1）：7-11.

［63］杨锋，于飞，张晓锋，等.飞轮储能系统建模与仿真研究［J］.船电技术，2011（4）.

［64］马骏毅，巴宇，赵伟，等.飞轮储能的关键技术分析及研究状况［J］.智能电网，2020（2）：9-16.

［65］廉嘉丽，王大磊，颜杰，等．电力储能领域铅炭电池储能技术进展［J］．电力需求侧管理，2020（2）：21–25.

［66］王鑫，刘成．电池储能在多能互补工程中的应用研究［J］．军民两用技术与产品，2020（2）.

［67］唐光盛，林久，杨隽，等．高温和中低温钠电池研发进展［J］．东方电气评论，2020（2）：12–16.

［68］戴新义．锂离子电池正极材料 LiCoO2 的改性及其薄膜制备研究［D］．成都：电子科技大学，2016.

［69］闫金定．锂离子电池发展现状及其前景分析［J］．航空学报，2014，35（10）：2767–2775.

［70］罗星，王吉红，马钊．储能技术综述及其在智能电网中的应用展望［J］．智能电网，2014，2（1）：7–12.

［71］张华民，周汉涛，赵平，等．储能技术分研究开发现状及展望［J］．能源工程，2020（2）：1–7.

［72］大众网．兴业银行告诉您何为绿色金融［EB/OL］．（2020–06–22）［2022–03–22］.http：//yantai.dzwww.com/finance/lc/yh/202006/t20200623_17362766.htm.

［73］马骏．中国绿色金融体系雏形初现明确激励机制［N］．人民日报，2016–09–12（6）.

［74］中国人民银行．中国人民银行财政部发展改革委环境保护部银监会证监会保监会关于构建绿色金融体系的指导意见［EB/OL］．（2016–08–31）［2022–03–22］.http：//www.pbc.gov.cn/goutongjiaoliu/113456/113469/3131687/index.html.

［75］吴秋余．我国绿色贷款存量规模居全球第一［N］．人民日报，2022–03–08（3）.

［76］田元武．碳中和与创新经济［N］．中国石化报，2022–03–09（4）.

［77］王晨光．新经济的未来发展图景［N］．中国石化报，2022–03–09（4）.